职业教育"十三五"
数字媒体应用人才培养规划教材

动画设计与制作
Flash CS6

微课版 第3版

谭雪松 高毅 / 编著

人民邮电出版社
北京

图书在版编目（CIP）数据

动画设计与制作：Flash CS6：微课版 / 谭雪松，
高毅编著. -- 3版. -- 北京：人民邮电出版社，
2021.5
职业教育"十三五"数字媒体应用人才培养规划教材
ISBN 978-7-115-54532-9

Ⅰ．①动… Ⅱ．①谭… ②高… Ⅲ．①动画制作软件
－职业教育－教材 Ⅳ．①TP391.414

中国版本图书馆CIP数据核字（2020）第136431号

内 容 提 要

本书采用项目教学法，重点介绍 Flash CS6 的基本操作方法和动画设计技巧。全书共 10 个项目，依次介绍 Flash 动画制作基础知识、素材的制作方法、逐帧动画的制作方法、补间形状动画的制作方法、补间动画的制作方法、引导层动画的制作方法、遮罩层动画的制作方法、ActionScript 3.0 编程基础知识及组件在动画设计中的应用等基础内容，最后结合典型实例综合训练 Flash 动画制作技能。

本书可作为职业院校计算机专业"动画设计与制作"课程的教材，也可供动画设计爱好者学习参考。

◆ 编　著　谭雪松　高　毅
　　责任编辑　马小霞
　　责任印制　王　郁　彭志环

◆ 人民邮电出版社出版发行　　北京市丰台区成寿寺路 11 号
　　邮编　100164　电子邮件　315@ptpress.com.cn
　　网址　https://www.ptpress.com.cn
　　涿州市京南印刷厂印刷

◆ 开本：787×1092　1/16
　　印张：14.75　　　　　　　　2021 年 5 月第 3 版
　　字数：373 千字　　　　　　2021 年 5 月河北第 1 次印刷

定价：49.80 元

读者服务热线：(010)81055256　印装质量热线：(010)81055316
反盗版热线：(010)81055315
广告经营许可证：京东市监广登字 20170147 号

前　言　　　　Preface

随着多媒体技术和网络技术的发展，计算机动画在日常生活中的应用越来越广泛，如在网站上动态显示广告，以及用动画来演示大型机械的工作原理等。

Flash 是网络应用开发的交互式矢量动画制作软件，从推出之日起就深受广大动画设计人员以及计算机爱好者的喜爱。设计者可以利用 Flash 随心所欲地设计各种动画。Flash 动画文件质量高、显示清晰，被广泛应用于网站设计、广告、视听、计算机辅助教学等领域，用户不但可以在动画中随意加入声音、视频、位图等，还可以制作具有交互操作的影片或者具有完备功能的网站。本书主要介绍使用 Flash CS6 中文版制作二维动画的一般方法和常用技巧。

本书以项目为基本写作单元，由浅入深、循序渐进地介绍动画制作的基本知识，条理清晰，结构完整。在内容安排上，以基本操作为主线，通过一组精心设计的趣味实例介绍各类动画制作方法的具体应用，学生在学习过程中既可以模拟操作，也可以在此基础上进行改进，做到举一反三。本书还配有丰富的教学资源，包括项目的原始素材和最终效果、教学课件、相关知识点的动画演示等，为职业院校提供了全新的立体化教学手段。

本书共 10 个项目，主要内容如下。

- 项目一：Flash CS6 动画制作基础。介绍动画制作的基础知识、Flash CS6 中文版的特点和应用。
- 项目二：制作素材。介绍使用 Flash CS6 的主要设计工具绘制场景以及从外部导入图片、声音、视频等素材的基本方法。
- 项目三：制作逐帧动画。介绍逐帧动画的制作方法及其应用。
- 项目四：制作补间形状动画。介绍补间形状动画的制作方法及其应用。
- 项目五：制作补间动画。介绍传统补间动画和补间动画的制作方法及其应用。
- 项目六：制作引导层动画。介绍引导层动画的制作方法及其应用。
- 项目七：制作遮罩层动画。介绍遮罩层动画的制作方法及其应用。

前 言

- 项目八：ActionScript 3.0 编程基础。介绍脚本程序在交互动画设计中的应用。

- 项目九：组件。介绍组件在交互动画设计中的应用。

- 项目十：动画设计实战演练。通过典型实例练习各种 Flash 动画的制作。

"项目"是本书的教学单元。每个项目都包含一个相对独立的教学主题和重点，并通过多个"任务"来具体阐释；每一个任务又通过若干个典型实例来具体细化。每一个项目都包含以下结构要素。

- 学习目标：介绍本项目要达到的主要知识目标与技能目标。

- 知识解析：介绍在制作实例的过程中要用到的工具及属性，使学生在学习和操作过程中能知其然，并知其所以然。

- 操作步骤：详细介绍实例的操作步骤，并及时提醒学生应注意的问题。

- 小结：在每个项目后简要总结设计中用到的基本知识点。

- 习题：在每个项目后准备了一组练习题用于检验学生的学习效果。

教师用 30 课时来讲解教材的内容，再配以 42 课时的上机练习，即可较好地完成教学任务。总的讲课时间约为 72 课时，教师可根据实际需要调整。

本书可作为职业院校计算机专业"动画设计与制作"课程的教材，也可供动画设计爱好者学习参考。

由于编者水平有限，书中难免存在疏漏之处，敬请各位老师和同学指正。

编著者
2020 年 12 月

目 录　　　　　　C o n t e n t s

目 录

Contents

01
项目一
Flash CS6 动画制作基础

打开计算机，随处可看到各种各样的动画，即便是复制文件或移动文件这样的操作，都有简单的动画演示；上网浏览时，更是进入动画的海洋，网站的动态片头、动态标志、动画广告等都无不用到动画技术。Flash 是计算机动画软件中的佼佼者，本项目将介绍 Flash CS6 动画制作的基础知识。

学习目标

✔ 了解动画的含义和分类。
✔ 了解 Flash 动画的用途和特点。
✔ 了解 Flash CS6 的工作界面。
✔ 掌握 Flash 动画制作流程。

任务一　初步认识 Flash 动画

【知识解析】

中国有句俗语叫作"外行看热闹，内行看门道"，也就是说很多事物，如果不理解它的原理，就只能看出点皮毛，但如果懂得其原理，就能看出其中的门道。动画制作也是如此。因此在制作 Flash 动画之前，首先要了解动画的含义、动画技术的发展、动画的分类等。

1. 动画的含义

动画是一个范围很广的概念，通常是指连续变化的画面按照一定的顺序播放，从而使人产生运动错觉的一种艺术。图 1-1 所示为一组连续变化的图片，只要将其放到连续的帧上以一定的速度连续播放，就可以形成一个人物打斗的视觉效果，这便是动画最简明的诠释。

图 1-1　人物动作序列图

2. 动画技术的发展

动画的起源和发展经历了较长一段时间。

（1）动画的雏形

1832 年由约瑟夫·柏拉图发明的"幻透镜"（见图 1-2）、1834 年由乔治·霍纳发明的"西洋镜"（见图 1-3）都是动画的雏形，它们都是通过观察窗来展示旋转的顺序图画，从而形成动态画面。

图 1-2　幻透镜

图 1-3　西洋镜

（2）第一部动画片

随着科技的发展，具有现代意义的动画片逐步出现。在电影发明之后，1906 年，美国人小斯图亚特·布雷克顿制作出第一部接近现代动画概念的影片，名为《滑稽面孔的幽默形象》，如图 1-4 所示。该片长度为 3min，采用了每秒 20 帧的技术拍摄。

《滑稽面孔的幽默形象》   小斯图亚特·布雷克顿

图 1-4   第一部动画片及其作者

（3）动画的发展

20 世纪 20 年代末，著名的迪士尼公司迅速崛起，采用传统的动画技术制作出越来越复杂的动画。该公司在 1928 年推出的《汽船威利》是第一部音画同步的有声动画，如图 1-5 所示。而 1937 年制作的《白雪公主》，则是第一部彩色长篇剧情动画片，如图 1-6 所示。

图 1-5   《汽船威利》   图 1-6   《白雪公主》

从 20 世纪 80 年代开始，计算机图形技术开始用于电影制作，到了 20 世纪 90 年代，计算机动画特效开始大量用于真人电影，比较著名的有《侏罗纪公园》《魔戒》三部曲、《泰坦尼克号》等，如图 1-7 所示。这些影片在电影市场上取得巨大成功，也都从一个方面反映了计算机动画的发展。

《侏罗纪公园》   《魔戒》   《泰坦尼克号》

图 1-7   动画影视作品经典

3．动画的分类

目前最常用的分类形式是将动画分为二维动画和三维动画两种。

（1）二维动画

二维画面是在平面上实现的动画，即使画面具有一定的立体感，但是终究只是在二维空间中模拟三维空间效果。二维动画制作简便，数据量小，应用广泛。

Flash 是目前最常用的二维动画制作软件，由于采用矢量图形和流媒体技术，用 Flash 制作出来的动画文件非常小，而且能在有限带宽的条件下流畅播放，所以 Flash 动画广泛用于网络中。目前 Flash 广告、Flash 网站、Flash 多媒体演示、Flash 游戏等已经成为了 Web 上不可或缺的部分。

（2）三维动画

三维画面是在三维空间中表现的动画，画中景物有正面、侧面和反面，充分显现了立体感。三维动画视觉冲击力强，效果逼真，具有艺术感染力。但是三维动画也有制作费用高、制作周期长等缺陷。

目前最常见的三维动画制作软件有 3ds Max、Maya、SoftImage、Lightwave 等。其中 3ds Max 是一款在国内外应用都非常广泛的三维设计工具，不但用于电视及娱乐业中，在影视特效方面也有相当多的应用。在国内相对比较成熟的建筑效果图和建筑动画制作中，3ds Max 也占据了绝对的优势。

4．Flash 动画的用途

对于喜欢上网浏览的同学来说，精彩动画的身影几乎无处不在。这些漂亮的动画作品很多都是 Flash 设计师们的得意之作。下面就通过欣赏一些优秀的 Flash 作品来领略这个优秀软件的设计风采。

（1）制作动画短片

制作动画短片是 Flash 最常用的功能，也是一般的 Flash 爱好者的兴趣所在。Flash 动画短片主要包括幽默类、哲理类、故事类等，大多数动画短片是这几类的结合。比较著名的动画短片作品有"流氓兔"和"小小作品"，分别如图 1-8 和图 1-9 所示。

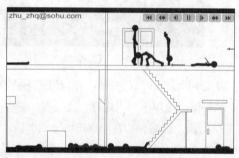

图1-8　"流氓兔"系列动画画面　　　　　　　　图1-9　"小小作品"系列动画画面

（2）制作游戏

使用 Flash 可以制作出各种不同类型的小游戏。使用 ActionScript 的逻辑功能，游戏爱好者使用键盘方向键或鼠标就可以达到与游戏交互的目的。常见的游戏作品有"黄金矿工"和"抢滩登陆"，分别如图 1-10 和图 1-11 所示。

（3）制作 MV

Flash 强大的绘图功能、良好的可控性以及对声音的完美支持，使众多 MV 爱好者选择使用 Flash 作为开发 MV 作品的主要工具。目前，互联网上很多流行歌曲都有与之相配的 Flash MV 作品。图 1-12 和图 1-13 所示为 Flash MV 作品中的场景。

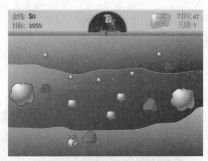

图 1-10 "黄金矿工"游戏画面

图 1-11 "抢滩登陆"游戏画面

图 1-12 MV"在那遥远的地方"中的场景

图 1-13 MV"中学时代"中的场景

（4）制作多媒体教学课件

Flash 以其良好的交互性以及在教学中的良好表现，受到教师和教学组织者的欢迎，成为教师授课以及与学生进行交互的重要工具。用 Flash 制作的课件漂亮美观，交互性强。图 1-14 所示为用 Flash 制作的教学课件。

图 1-14 Flash 教学课件

（5）制作 Internet 应用程序

使用 Flash 制作的 Internet 应用程序具有完善的用户界面，可以通过 Internet 显示和操作远程存储的数据。Internet 应用程序可以是日历应用程序、价格查询应用程序、购物目录、教育和测试应用程序或者其他任何使用丰富图形界面提供远程数据的应用程序。图 1-15 所示为使用 Flash 开发的 Internet 应用程序界面。

（6）制作网页

Flash 在网站中的应用也比较广泛。Flash 发布以后生成的".swf"格式的文件可以嵌入网页文件中，利用内嵌的 Flash Player 就可以在网页中观看动画效果。网站中的 Flash 应用主要包括整站

Flash 网页、Flash Logo、Flash 广告条等。图 1-16 所示为使用 Flash 制作的网页。

图 1-15　使用 Flash 设计的"许愿"应用程序界面　　　　图 1-16　Flash 网页

5．Flash 动画的特点

Flash 之所以风靡全球，是因为它具有很多优点。下面是其最为重要的 4 个优点。

（1）易学易用，操作方便

Flash 以帧组织动画，帧与帧之间采用渐变过渡动画，因此制作动画时，只要将某段动画的第 1 帧和最后一帧制作出来，中间的移动、旋转、变形、颜色改变等过程都可以由 Flash 自动完成，动画的制作过程极大简化。

（2）矢量动画，文件占用空间小

Flash 的图形系统是基于矢量的，只需存储少量的矢量数据就可以描述一个看起来相当复杂的对象，因此占用的存储空间很小，与位图相比具有明显的优势，非常适合在低带宽的网络环境中使用。

（3）信息传送、下载方便

由于 Flash 文件较小，所以浏览器不用花费太多的时间等待下载。SWF（Shock Wave Flash）文件采用 Stream 信息流传送方式，可以边下载边播放，而不用等到整个文件全部下载下来才能观看，所以即使网络的传送速度很慢，也不至于什么都看不到，这样大大节省了网络带宽，减少了用户等待的时间，下载过程如图 1-17 所示。

图 1-17　Flash 流式下载

（4）交互功能强大

在 Flash 动画中可以加入滚动条、复选框、下拉菜单、拖动物体等各种交互组件，实现在最终播放的网页或多媒体中支持物体的平移和拖放操作。Flash 可以和 Java 或其他类型的程序融合在一起，实现在不同的操作平台和浏览器中播放。Flash 还支持表单交互，使包含 Flash 动画的表单得以用于流行的电子商务领域，如图 1-18 所示。

图 1-18 用 Flash 设计的贺卡提交表单

任务二 认识 Flash CS6 动画设计

【知识解析】

使用 Flash CS6 进行动画设计和制作非常简单、方便，只要参照教材，即使是从未制作过动画的人，也可以在几分钟之内完成一个简单的动画效果。可见 Flash 对于初级动画制作者是一个很好的工具。

1. Flash 的发展

Flash 的前身叫 FutureSplash Animator，由美国的乔纳森·盖伊在 1996 年夏季正式发行，并很快获得了 Microsoft 和迪士尼两大巨头公司的青睐，分别成为它的两个最大的客户。

FutureSplash Animator 的巨大潜力，吸引了当时实力较强的 Macromedia 公司的注意，于是在 1996 年 11 月，Macromedia 公司仅用 50 万美元就成功并购了乔纳森·盖伊的公司，并将 FutureSplash Animator 改名为 Macromedia Flash 1.0。

经过 9 年的升级换代，2005 年 Macromedia 公司推出 Flash 8.0 版本，同时 Flash 也发展成为全球最流行的二维动画制作软件。同年，Adobe 公司以 34 亿美元的价格收购了整个 Macromedia 公司，并于 2007 年发行 Flash CS6（Flash 9.0）。从此，Flash 发展到一个新的阶段。

2. Flash CS6 界面

启动 Flash CS6，进入图 1-19 所示的操作界面，其中包括菜单栏、时间轴、工具箱、舞台、【属性】检查器（也称【属性】面板）、浮动面板等。

（1）菜单栏

菜单栏包括【文件】、【编辑】、【视图】、【插入】、【修改】、【文本】、【命令】、【控制】、【调试】、【窗口】及【帮助】菜单，每个菜单又都包含若干个菜单项。实际上每一个菜单项都是一个命令，可以实现文件操作、编辑、视窗选择、动画帧添加、动画调整、字体设置、动画调试、打开浮动面板等操作。

（2）工具箱

工具箱位于设计界面右侧，在这里放置了创作 Flash 动画的"十八般兵器"，各种工具有不同的用途和用法，读者需要通过实际操作将其熟练掌握。将鼠标指针指向工具箱中的不同工具时，将显示该工具的名称。

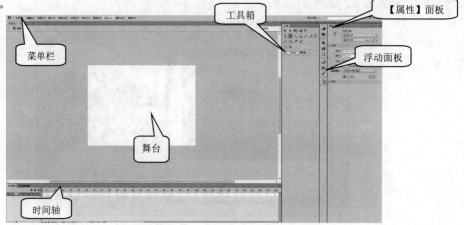

图 1-19　操作界面

　　选择菜单命令【窗口】/【工具栏】/【主工具栏】可以调出主工具栏。其中提供了一组进行文件操作和编辑的常用命令按钮，如图 1-20 所示。除了常用的打开文件、存储文件等工具按钮外，其他主要按钮的名称及作用如表 1-1 所示。

图 1-20　主工具栏

表 1-1　　　　　　　　　　　　　　　主工具栏中的常用按钮

按钮	按钮名称	作用
	贴紧至对象	可在编辑时进入"贴紧对齐"状态，以便绘制出圆或正方形；在调整对象时，能够准确定位；在设置动画路径时，能够自动贴紧
	平滑	可使选中的曲线或图形外形更加平滑，多次单击具有累积效果
	伸直	可使选中的曲线或图形外形更加平直，多次单击具有累积效果
	旋转与倾斜	用于改变舞台中对象的旋转角度和倾斜变形程度
	缩放	用于改变舞台中对象的大小
	对齐	调整舞台中多个选中对象的对齐方式和相对位置

　　选择【窗口】/【工具栏】/【编辑栏】命令可以调出编辑栏，如图 1-21 所示。其中包括用于编辑场景和元件的按钮，利用这些按钮可以跳转到不同的场景，打开选中的元件，还可以更改舞台缩放比例、改变舞台的显示大小。

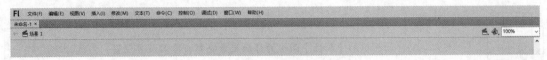

图 1-21　编辑栏

（3）舞台

舞台是用于绘制和编辑动画的矩形区域，在舞台中可以加入矢量图形、文本框、按钮，导入位图图形或视频剪辑。只有舞台上的内容才会出现在动画中。

场景是与舞台相关的概念。在当前编辑的动画窗口中，编辑动画内容的整个区域叫作场景。可以在整个场景内绘制和编辑图形，但是最终仅显示场景中舞台区域的内容。场景中舞台之外的灰色区域通常称为工作区，如图 1-22 所示。工作区可以看作是用于彩排或放置道具的后台，但不是演出的舞台。

图 1-22　场景与舞台

（4）时间轴

时间轴用于组织和控制文档内容在一定时间内播放的层数和帧数，并控制各个场景的切换以及"演员"出场的时间顺序，如图 1-23 所示。

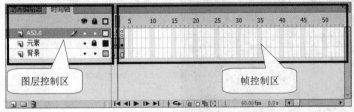

图 1-23　时间轴

时间轴左侧为图层控制区，用于新建、删除和重命名图层。

时间轴右侧为帧控制区，可以显示场景中哪些地方有动画。可以在时间轴中插入、删除、选择和移动帧，也可以将帧拖动到同一层中的不同位置，或是拖动到不同的层中。

（5）浮动面板

浮动面板用于查看、组织和更改文档中元素的特征。用户可以根据个人习惯和设计需要仅显示部分面板，在【窗口】主菜单中选取需要显示的浮动面板名称（如【行为】【对齐】和【颜色】等），在设计界面上即可打开该面板。

（6）【属性】面板

【属性】面板用于查看、组织和更改媒体、资源及其属性，通常配置在界面底部。

提示

可以拖动浮动面板和【属性】面板的标题栏来重新布置其放置位置，不过打开太多的浮动面板可能导致设计界面杂乱，舞台空间变小，给设计操作带来不便，因此建议读者养成良好的设计习惯，不用的浮动面板随时关闭。

任务三　案例解析——制作"大红大吉"

微课1-1：制作
"大红大吉"

Flash 动画制作流程主要包括新建 Flash 文档、编辑场景、保存影片和发布影片 4 个步骤，其中编辑动画是流程的关键，发布影片控制发布影片的大小、质量、文件格式等重要内容，也十分重要。

下面通过一个简单动画的制作过程使读者体验 Flash CS6 动画的制作过程，最终完成的效果如图 1-24 所示。

【操作步骤】

1．创建新文件

运行 Flash CS6，首先显示图 1-25 所示的初始用户界面，选择【新建】/【Flash 文件（ActionScript 3.0）】命令，新建一个 Flash 文档。

图 1-24　制作"大红大吉"动画

图 1-25　初始用户界面

提示

此处选择【Flash 文件（ActionScript 3.0）】和【Flash 文件（ActionScript 2.0）】的差别在于其动画文件支持的后台脚本不同。建议使用 ActionScript 3.0，因为它是由 Adobe 公司研发，并与 Flash CS6 同时推出的，而且其编程思想也全部基于对象化，所以使用更加方便。

2．制作背景

步骤❶ 选择【修改】/【文档】命令，弹出【文档设置】对话框，在【高度】文本框中输入"300 像

素",其他属性保持默认即可,如图 1-26 所示,然后单击 [确定] 按
钮完成设置。

步骤② 在【时间轴】面板左侧的图层名称"图层 1"上双击鼠标左
键,当图层名称变成可编辑状态时输入"背景",将默认的"图层 1"
重命名为"背景"。选择【矩形】工具 ▭,拖曳鼠标在舞台上绘制一
个矩形,效果如图 1-27 所示。

图1-26 修改文档属性

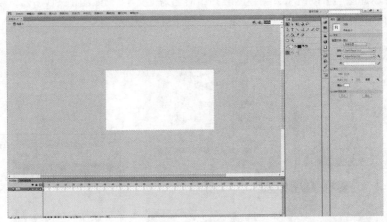

图1-27 绘制矩形

步骤③ 选择【选择】工具 ▶,双击刚才绘制的矩形,然后在【属性】面板中设置矩形的笔触颜色
为"无",填充类型为【线性渐变】,【宽】【高】分别为"550""300",位置 x、y 坐标均为"0",
如图 1-28 所示。

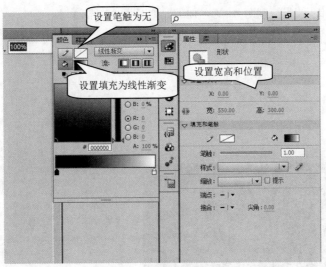

图1-28 设置矩形属性

步骤④ 在【颜色】面板中设置线性渐变的第 1 个色块颜色为"FF0000"(红色),第 2 个色块颜色为
"CC0000"(暗红色),效果如图 1-29 所示。

提示

　　在设置【颜色】面板的属性时，一定要保证矩形处于被选中的状态，否则矩形的颜色将无法改变。

3. 输入文字

步骤① 单击【新建图层】按钮 🖿，新建图层并重命名为"文字"，如图 1-30 所示，要确保"文字"图层在"背景"图层的上面。

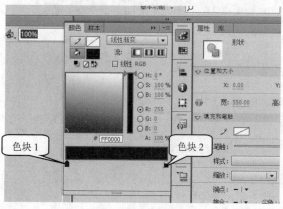

图1-29 【颜色】面板

图1-30 新建图层

步骤② 选择【文字】工具 T，在舞台上输入文字"Adobe Flash CS6"，如图 1-31 所示。

步骤③ 将文字全部选中，设置字体为"Times New Roman"，字体大小为"50"，填充颜色为"FFFF00"（黄色），选区的 x 和 y 坐标分别为"80""120"，如图 1-32 所示。

图1-31 输入文字

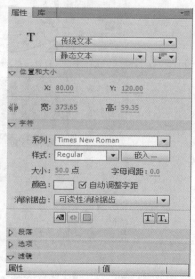

图1-32 设置文字属性

至此，文字制作成功，其效果如图 1-33 所示。

图1-33 文字效果

4. 导入素材

步骤① 新建图层并重命名为"特效",然后单击该图层并将其拖曳到"文字"图层的下面,如图 1-34 所示。

步骤② 选择【文件】/【导入】/【打开外部库】命令,打开素材文件"素材\项目一\制作'大红大吉'\特效库.fla",如图 1-35 所示。

图1-34 新建特效图层　　　　　图1-35 打开特效库

步骤③ 按住鼠标左键将"星星"元件拖曳到舞台中,在拖曳过程中,操作界面会自动显示"星星"元件的虚框,将其放置到图 1-36 所示的位置。

图1-36 拖入素材

5. 保存和发布影片

步骤① 动画制作完成,按 Ctrl + S 组合键保存影片。

步骤② 选择【文件】/【发布设置】命令,弹出图 1-37 所示的【发布设置】对话框。

图1-37　【发布设置】对话框

　　　　在【发布设置】对话框左侧的【格式】列表中可以设置发布影片的格式，单击 按
钮设置文件路径，在右上角可以设置发布文件的脚本类型等重要属性。

步骤❸　全部保持默认设置，单击　发布　按钮发布影片，然后单击　确定　按钮完成发布设置（也可
以按 F12 键发布影片）。

　　至此，动画制作完成。

　　　　通常在制作过程中，需要实时测试和观看影片效果，并不需要正式发布影片，所以
可以按 Ctrl + Enter 组合键测试影片。

小　结

　　本项目主要对动画的整体概念和发展做了较为全面的介绍，并对动画制作的原则进行了简单介绍，从 Flash CS6 动画制作软件的发展历程到界面风格，再到制作动画流程，为读者进入 Flash 动画世界开启了一扇大门。本项目最后安排了典型的案例，通过学习该案例，读者对 Flash 动画的制作流程和设计思路有了简单的了解，为后面的学习打下坚实的基础。

习　题

1. 简要说明动画的种类和特点。
2. 简要说明 Flash 动画的优势。
3. 简要说明 Flash 动画的特点。
4. 动手模拟本项目的案例，制作"大红大吉"动画。

02

项目二
制作素材

　　使用 Flash CS6 制作动画需要大量的素材，获取动画素材的途径一般有使用 Flash CS6 自带的工具绘制动画素材和导入外部动画素材两种。使用 Flash 自带的绘图工具绘制动画素材是制作优秀动画作品的基础，初学者应该重点加强相关训练。

学习目标

- ✔ 掌握 Flash CS6 绘图工具的使用方法。
- ✔ 掌握使用 Flash CS6 绘图工具绘图的技巧。
- ✔ 掌握素材的导入方法。
- ✔ 掌握使用导入素材进行动画设计的一般流程。

任务一　绘制素材

【知识解析】

1. Flash 绘图工具

Flash CS6 的工具箱（见图 2-1）提供
了强大的绘图工具，给用户制作动画素材带
来了极大的方便。

下面介绍工具箱中的部分工具。

【选择】工具 ：进行选择、移动、复
制、调整矢量线和矢量色块形状等操作。

【任意变形】工具 ：可以改变对象的
长宽比例。

【渐变变形】工具 ：主要用于调整渐
变色的填充样式，使其产生较为丰富的变
化，如移动渐变的中心位置、调整渐变色
彩的区域、压缩变形渐变的样式等。

【钢笔】工具 ：可以创建直线或曲线，
并可以进一步调整线段的角度、长度以及
曲线的斜率等。

【线条】工具 ：绘制直线，按住 Shift
键可以绘制特殊角度的直线。

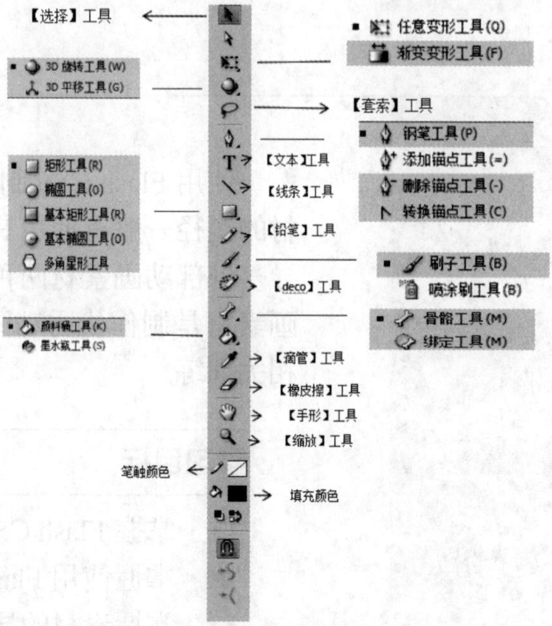

图 2-1　工具箱

【矩形】工具 ：可以创建精确的矩形，也可以设置【边角半径】参数绘制有倒角的矩形。

【铅笔】工具 ：绘画方式与使用真实铅笔大致相同。选择一种绘画模式后，可以绘制平滑或伸
直的线条和形状。

【刷子】工具 ：能绘制出刷子般的笔触，效果类似于涂色。可以创建特殊效果，包括书法效果。

【颜料桶】工具 ：可用纯色、渐变色和位图填充封闭区域或未完全封闭区域。

【缩放】工具 ：可以在屏幕查看整个舞台，或在以高缩放比率查看绘图的特定区域时，更改缩
放比率级别。舞台的最小缩小比率为 8%，最大放大比率为 2 000%。

提示

　　使用 Flash 的绘图工具绘制图形时，尽量使用快捷键选择和更换工具，这样可以极大
地提高工作效率。

2. 矢量图形与位图图像

使用 Flash 绘图工具绘制出的素材是矢量图形，可以对其进行移动、调整大小、重定形状、更改
颜色等操作，而不影响素材的品质。位图图像也叫像素图，它由像素或点的网格组成，与矢量图形相
比，位图图像更容易模拟照片的真实效果。矢量图形与位图图像放大前后的效果对比如图 2-2 所示。

100%矢量图　　　放大 800%的效果　　　100%位图　　　放大 800%的效果

图 2-2　矢量图形和位图图像放大前后的效果对比

矢量图形与位图图像的对比如表 2-1 所示。

表 2-1　　　　　　　　　　　　　　矢量图形与位图图像的对比

图 形	定 义	特 点	应 用
矢量图形	用矢量线条来描述图像，包括颜色和位置等属性	矢量图形与分辨率无关，可以显示在各种分辨率的输出设备上，而品质不受影响	矢量图形适用于线性图，特别是在二维卡通动画中，能够有效减少文件数据量
位图图像	用排列在网格内的彩色像素点来描述图像	位图图像与分辨率有关，在比图像本身的分辨率低的输出设备上显示位图图像会降低它的外观品质	位图图像适合用于表现层次和色彩细腻丰富、包含大量细节的图像

3. 图层的概念

图层就像透明的醋酸纤维薄片一样，在舞台上一层一层地向上叠加。它可以帮助用户组织文档中的插图。可以在一个图层上绘制和编辑对象，而不会影响其他图层上的对象。如果某个图层没有内容，就可以透过它看到下面图层的内容，如图 2-3 所示。

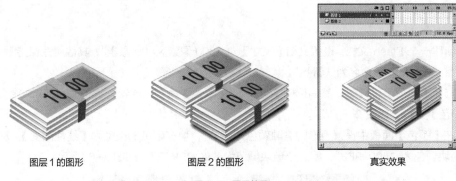

图层 1 的图形　　　　　　图层 2 的图形　　　　　　真实效果

图 2-3　图层效果

Flash CS6 提供了人性化的图层控制操作，图层控制按钮及功能如表 2-2 所示。

表 2-2　　　　　　　　　　　　　　图层控制按钮及功能

控制按钮	功 能
【显示或隐藏所有图层】按钮 👁	单击 👁 按钮，隐藏或显示所有图层，图层被隐藏后，图层内容不可见也不能被修改
【锁定或解除锁定所有图层】按钮 🔒	单击 🔒 按钮，锁定或取消锁定所有图层，图层被锁定后，不能修改图层内容
【将所有图层显示为轮廓】按钮 ▢	单击 ▢ 按钮，显示或取消显示所有图层上图形的轮廓，显示轮廓可以节约系统开销
👁 🔒 ▢ 下面对应的按钮 • • ▮	单击 • • ▮ 按钮，可以分别将单独的图层隐藏、锁定、显示轮廓控制

续表

控制按钮	功　能
【新建图层】按钮	单击按钮，在当前选中的图层上新建一个图层
【新建文件夹】按钮	单击按钮，在当前选中的图层上新建一个文件夹，用于归类管理图层
【删除】按钮	单击按钮，删除当前选中的图层

操作一　【重点案例】——制作"浪漫人生"

本案例通过绘制一个场景来介绍 Flash CS6 中常用绘图工具的使用方法和技巧，帮助读者初步认识 Flash CS6 绘图工具的用法。最终效果如图 2-4 所示。

微课 2-1：制作"浪漫人生"

图 2-4　制作"浪漫人生"

【操作步骤】

1. 绘制背景

步骤 ① 新建一个 Flash 文档，设置文档【尺寸】为"800 像素×600 像素"，其他属性保持默认设置。

步骤 ② 将"图层 1"重命名为"背景"。

步骤 ③ 选择【矩形】工具，然后选择【窗口】/【颜色】命令（或者按 Alt + Shift + F9 组合键），打开【颜色】面板，如图 2-5 所示。

步骤 ④ 在【颜色】面板中设置矩形的笔触颜色为"无"，填充颜色的类型为【线性渐变】，从左至右第 1 个色块颜色为"#0099FF"，第 2 个色块颜色为"#CCFFFF"，如图 2-6 所示。

图 2-5　【颜色】面板

图 2-6　调整颜色后的【颜色】面板

步骤 ⑤ 在舞台中绘制一个矩形，选择矩形，在其【属性】面板中设置矩形宽、高分别为"800""600"，位置 x、y 坐标均为"0"，其属性设置如图 2-7 所示，舞台效果如图 2-8 所示。

图2-7 "矩形"的【属性】面板　　　图2-8 舞台效果

　　选择【窗口】/【属性】命令，在打开的【属性】面板中可以设置对象的宽、高及位置坐标等。

步骤 ⑥ 选择【渐变变形】工具，然后单击舞台中的矩形，效果如图2-9所示。

步骤 ⑦ 单击【渐变变形】工具的【旋转】按钮（图2-9中的方形标记处），将渐变色顺时针旋转90°，然后调整渐变色的中心（图2-9中的圆形标记处），最终的舞台效果如图2-10所示。

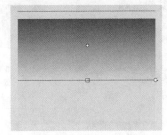

图2-9 调整渐变变形　　　　图2-10 调整渐变方向后的渐变形状

2. **绘制草地**

步骤 ① 在"背景"图层上单击鼠标右键，在弹出的快捷菜单中选择【插入图层】命令，然后将新建的图层重命名为"草地"。

步骤 ② 选择【线条】工具，在【属性】面板中设置笔触颜色为"黑色"，笔触高度为"1"，其属性设置如图2-11所示。在舞台中绘制一条斜线，效果如图2-12所示。

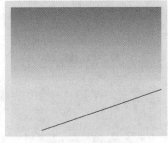

图2-11 设置线条属性　　　　图2-12 绘制斜线

步骤 ③ 选择【选择】工具，将鼠标指针放置在线条的中心位置，当鼠标指针呈拖动状态时，按住鼠标左键并向上拖曳，将线条调整至图2-13所示的效果。

步骤④ 选择【线条】工具 ，在舞台中绘制一条图 2-14 所示的斜线。

步骤⑤ 选择【选择】工具 ，调整斜线的形状如图 2-15 所示。

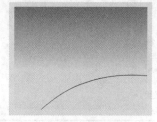 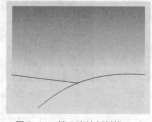 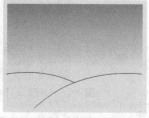

图 2-13　调整后的线条　　　　图 2-14　第 2 次绘制斜线　　　　图 2-15　调整后的线条形状

步骤⑥ 用同样的方法绘制第 3 条斜线，效果如图 2-16 所示。

步骤⑦ 选择【线条】工具 ，将线条的两端连接起来，如图 2-17 所示（注意，连接时一定要使首尾连接紧密，如果有间隙，则导致不能填充颜色）。

步骤⑧ 选择【颜料桶】工具 ，打开【颜色】面板，调整填充颜色的类型为【线性渐变】，第 1 个色块颜色为 "#EEF742"，第 2 个色块颜色为 "#99CC00"，如图 2-18 所示。

 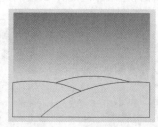 

图 2-16　第 3 条线条的形状　　　　图 2-17　封闭线条　　　　图 2-18　调整填充颜色

步骤⑨ 将鼠标指针移入舞台，此时的鼠标指针将变为颜料桶形状 ，在封闭的线条框内依次单击鼠标左键，填充颜色，效果如图 2-19 所示。

步骤⑩ 选择【渐变变形】工具 ，分别调整 3 块草地的渐变颜色如图 2-20~图 2-22 所示。

 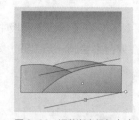

图 2-19　填充颜色　　　　图 2-20　调整渐变颜色（1）

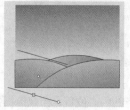 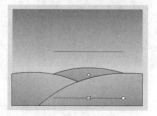

图 2-21　调整渐变颜色（2）　　　　图 2-22　调整渐变颜色（3）

步骤⑪ 选择【选择】工具 ，单击黑色的线条，然后按 Delete 键将其全部删除。

3. 绘制云彩

步骤① 新建图层并重命名为"云彩"，选择【椭圆】工具 ，在【属性】面板中设置笔触颜色为"无"，填充颜色为"白色"，在舞台中绘制一个椭圆，效果如图 2-23 所示。

步骤② 在椭圆的周围绘制一些小的椭圆，使其像空中的云彩，效果如图 2-24 所示。

步骤③ 利用同样的方法，在舞台中再绘制两朵云彩，效果如图 2-25 所示。

图 2-23　绘制椭圆

图 2-24　绘制的云彩

图 2-25　最终的云彩效果

4. 绘制太阳

步骤① 新建图层并重命名为"太阳"，选择【椭圆】工具 ，打开【颜色】面板，设置笔触颜色为"无"，填充颜色的类型为【径向渐变】，第 1 个色块颜色为"#FF0000"，第 2 个色块颜色为"#FFCC33"，【颜色】面板的设置如图 2-26 所示。

步骤② 在舞台中按住 Shift 键的同时拖曳鼠标光标，绘制一个尺寸为"100×100"的圆形，效果如图 2-27 所示，其属性设置如图 2-28 所示。

图 2-26　【颜色】面板

图 2-27　绘制"太阳"

图 2-28　"太阳"的【属性】面板

提示

　　使用各种绘图工具可绘制简单的素材，还可以使用"导入素材"的方法快速向场景中加入更多的元素。下面先介绍其用法，更多详细知识将在任务二中介绍。

5. 导入素材

步骤① 新建图层并重命名为"植物"，选择【文件】/【导入】/【导入到舞台】命令，打开素材文件"素材\项目二\制作'浪漫人生'\植物.png"，其属性设置如图 2-29 所示，舞台效果如图 2-30 所示。

步骤② 新建图层并重命名为"家"，选择【文件】/【导入】/【导入到舞台】命令，打开素材文件"素材\项目二\制作'浪漫人生'\家.png"，其属性设置如图 2-31 所示，舞台效果如图 2-32 所示。

图 2-29　"植物"的【属性】面板

图 2-30　导入"植物"后的舞台效果

图 2-31　"家"的【属性】面板

图 2-32　导入"家"后的舞台效果

步骤③ 新建图层并重命名为"人物"，选择【文件】/【导入】/【导入到舞台】命令，打开素材文件"素材\项目二\制作'浪漫人生'\人物.png"，其属性设置如图 2-33 所示，舞台效果如图 2-34 所示。

图 2-33　"人物"的【属性】面板

图 2-34　导入"人物"后的舞台效果

6. 制作标题

步骤① 新建图层并重命名为"标题下"，选择【文本】工具 **T**，打开【属性】面板，设置字体为【华文行楷】，字体大小为"60"，填充颜色为"#FFFFFF"，在舞台中输入文字"浪漫人生"，其属性设置如图 2-35 所示，舞台效果如图 2-36 所示。

图 2-35　设置文本属性（1）

图 2-36　舞台效果

步骤② 新建图层并重命名为"标题上",选择【文字】工具 T,设置填充颜色为"#FF6600",输入相同的文字,其属性设置如图 2-37 所示,舞台效果如图 2-38 所示。

图 2-37 设置文本属性（2）　　　　　　　　　　图 2-38 舞台效果

步骤③ 此时的【时间轴】面板如图 2-39 所示。

图 2-39 最终的【时间轴】面板状态

7. 保存测试影片

保存测试影片,完成动画的制作。

操作二 【突破提高】——制作"精美盆景"

本案例主要练习使用 Flash CS6 的绘图工具绘制一个花盆,并在花盆的旁边点缀两颗星星。最终效果如图 2-40 所示,花盆制作流程如图 2-41 所示。　图 2-40 制作"精美盆景"

① 绘制花盆底部　　②绘制花盆边沿　　③绘制盆心

④绘制第一株花苗　　⑤绘制其他花苗　　⑥绘制装饰的星星

图 2-41 花盆制作流程图

【操作步骤】

1. *绘制花盆底部*

步骤① 新建一个 Flash 文档。

步骤② 新建图层，效果如图 2-42 所示。锁定除"花盆底部"以外的图层，并单击"花盆底部"图层的第 1 帧。

步骤③ 选择【矩形】工具□绘制矩形，如图 2-43 所示。

图 2-42　图层效果

图 2-43　绘制矩形

步骤④ 选择【选择】工具调整矩形形状，效果如图 2-44 所示。

步骤⑤ 选择【窗口】/【颜色】命令，打开【颜色】面板，单击【填充颜色】按钮，在【类型】下拉列表中选择【线性渐变】选项，选择适合的颜色，如图 2-45 所示。

步骤⑥ 单击工具箱中的【颜料桶】工具按钮，然后单击花盆底部图形进行填充，填充后的效果如图 2-46 所示。

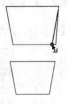

图 2-44　调整矩形形状

图 2-45　【颜色】面板

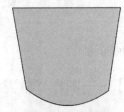

图 2-46　填充颜色

步骤⑦ 删除花盆轮廓线，效果如图 2-47 所示。

步骤⑧ 单击【任意变形】工具按钮，按住鼠标左键不放，向下移动鼠标指针选择【渐变变形工具】选项，设置渐变方向，效果如图 2-48 所示。

图 2-47　删除轮廓线

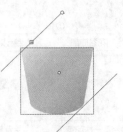

图 2-48　设置渐变方向

步骤 ⑨ 锁定除"花盆边沿"以外的图层，使用同样的方法在"花盆边沿"图层上绘制边沿图形，效果如图 2-49 所示。

图 2-49　绘制花盆边沿

2. **绘制"盆心 01"**

步骤 ① 锁定除"盆心 01"以外的图层并选择该图层的第 1 帧，单击【矩形】工具按钮 ，按住鼠标左键不放，然后向下移动鼠标指针选择【椭圆工具】选项，在舞台上绘制一个椭圆。

步骤 ② 在【颜色】面板中设置填充椭圆的颜色，选择【颜料桶】工具 进行填充，效果如图 2-50 所示。

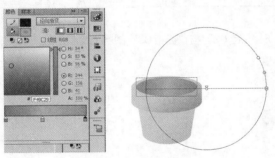

图 2-50　绘制"盆心 01"

步骤 ③ 锁定除"盆心 02"以外的图层，使用同样的方法绘制一个椭圆并填充，效果如图 2-51 所示。

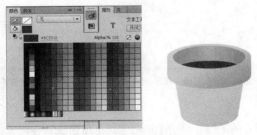

图 2-51　绘制"盆心 02"

3. **绘制"花苗 01"**

步骤 ① 锁定除"花苗 01"以外的图层，选择【线条】工具 绘制花苗的轮廓并调整，效果如图 2-52 所示。

步骤 ② 在【颜色】面板中设置颜色类型为【线性渐变】，设置好填充颜色，如图 2-53 所示。

步骤 ③ 选择【颜料桶】工具 ，对花苗 01 进行填充，然后删除轮廓线，效果如图 2-54 所示。

图 2-52　绘制花苗的轮廓　　　　图 2-53　【颜色】面板　　　　图 2-54　填充颜色

提　示

　　　　使用【填充】工具填充区域时，如果所填充的区域并不是一个封闭的区域，就会出现填充无效的情况。可以通过以下两种方法来处理这类问题。
　　　（1）如果被填充区域的空隙不是特别大，可以在启用【填充】工具的情况下，在工具栏下方单击 ⬭ 按钮，设置填充允许的空隙大小，如图 2-55 所示。
　　　（2）在不改变【填充】工具设置的情况下，可以启用【选择】工具，并单击工具栏下方的【贴近至对象】按钮 ⬭ ，检查并连接空隙部分。

步骤 ④　使用同样的方法在"花苗 02"与"花苗 03"图层上绘制花苗，效果如图 2-56 和图 2-57 所示。

图 2-55　设置填充空隙　　　　图 2-56　绘制"花苗 02"　　　　图 2-57　绘制"花苗 03"

4. 绘制装饰的星星

步骤 ①　锁定除"五星"以外的图层，单击【矩形工具】按钮 ⬭ ，按住鼠标左键不放，然后向下移动鼠标指针，选择【多角星形工具】选项。
步骤 ②　在【属性】面板的【工具设置】卷展栏中单击 选项... 按钮，弹出【工具设置】对话框。设置【样式】为【星形】，【边数】为"5"，在舞台中绘制一颗五角星，如图 2-58 所示。
步骤 ③　在【颜色】面板中设置颜色类型为【线性渐变】，选择填充颜色，效果如图 2-59 所示。
步骤 ④　填充五角星的轮廓区域，使用【渐变变形】工具调整渐变形状，如图 2-60 所示。
步骤 ⑤　使用同样的方法绘制第 2 颗五角星，设置颜色类型为【径向渐变】，最终效果如图 2-61 所示。

图 2-58　绘制五角星

图 2-59　【颜色】面板

图 2-60　填充颜色

图 2-61　绘制第 2 颗星星

步骤⑥ 按 Ctrl+S 组合键保存影片文件，完成动画的制作。

任务二　导入素材

【知识解析】

1. 导入素材的方法

Flash CS6 提供了两种图像等素材导入方法，一种是导入舞台，另一种是导入库。

（1）导入舞台

选择【文件】/【导入】/【导入到舞台】命令，弹出【导入】对话框，选择要打开的图像，如图 2-62 所示。单击 打开(O) 按钮，将图像导入舞台，如图 2-63 所示。GIF 格式的动态图像导入舞台后，会自动分散到若干帧上，如图 2-64 所示。

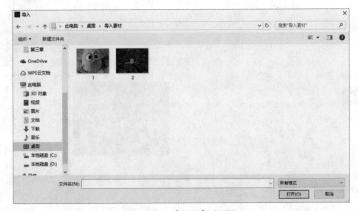
图 2-62　【导入】对话框

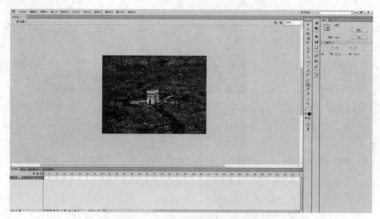

图 2-63　静态图像导入舞台后的效果

图 2-64　GIF 图像导入舞台后的效果

（2）导入库

选择【文件】/【导入】/【导入到库】命令，弹出【导入到库】对话框，选择要打开的图像，如图 2-65 所示。单击 打开(O) 按钮，图像被直接导入【库】面板中，显示为"位图"，如图 2-66 所示。GIF 格式的动态图像导入库后，会出现一个影片剪辑元件和若干位图，如图 2-67 所示。

图 2-65　【导入到库】对话框

图 2-66　静态图像导入库

图 2-67　GIF 图像导入库

2. 编辑图像的常用操作

（1）编辑图片

选中舞台中的图像，按 Ctrl + B 组合键将其打散，这样可以使用【选择】工具 对其部分区域进行选择拖放。用【橡皮擦】工具 擦去需要去除的部分，如图 2-68 所示。

打散　　　　　　　　　　　　选择并拖动　　　　　　　　　　　擦去部分图形

图 2-68　对图片的操作

（2）去除图像背景（纯色或者近似同样颜色的背景）

先将图像打散，然后选择【套索】工具 ，此时工具箱下方出现【魔术棒】按钮 、【魔术棒设置】按钮 和【多边形模式】按钮 ，设置"魔术棒"图标处于按下状态，当鼠标指针变成魔术棒的形状时，在背景处单击鼠标左键，会发现整个背景都被选中，然后按 Delete 键将其删除。删除背景前后的对比效果如图 2-69 所示。

图 2-69　删除背景前后对比效果

若背景颜色不是纯色，则可以调节【魔术棒设置】的阈值来调整选择范围的大小，该值默认为 10，数值越大，选择的颜色范围就越大。

3. 选择声音格式

声音要占用大量的磁盘空间和内存，不同声音格式占用的空间不同，选择合理的声音格式可以使动画更加小巧灵活。MP3 格式声音经过压缩后，比 WAV 或 AIFF 格式声音小。MP3 一般用于 MTV，而小段的动感音乐一般用 WAV 就可以了。

4. 导入声音

选择【文件】/【导入】/【导入到库】命令，弹出【导入到库】对话框，选择要导入的声音文件，然后单击 打开(O) 按钮，声音被直接导入【库】面板中。

选中时间轴上的任一帧，在【属性】面板中可设置加入声音，如图 2-70 所示。

5. 设置声音属性

可以在声音【属性】面板的【效果】下拉列表（见图 2-71）中设置声音播放的效果。其中各个选项的功能如表 2-3 所示。

表 2-3　　　　　　　　　　　　　　　　　【效果】下拉列表中各选项的功能

选 项	功 能
无	不对声音文件应用效果，选择此选项将删除以前应用的效果
左声道、右声道	系统播放歌曲时，默认是左声道播放伴音，右声道播放歌词。若插入一首 MP3 歌曲，想只播放伴音的话，就选择左声道；想保留清唱的话，就选择右声道
向右淡出、向左淡出	将声音从一个声道切换到另一个声道
淡入、淡出	淡入就是声音由低逐渐变高；淡出就是声音由高逐渐变低
自定义	选择该选项，将弹出【编辑封套】对话框，可以拖动滑块来调节声音的高低。最多可以添加 5 个滑块。窗口中的上下两个分区分别是左声道和右声道，波形远离中间位置时，表明声音高，靠近中间位置时，表明声音低

提示

　　常用的声音效果是淡入和淡出，可以设置 4 个滑块来设置"淡入"和"淡出"效果的起始和转变位置。开始在最低点逐渐升高，平稳运行一段后，结尾处再设到最低。

　　可以在声音【属性】面板的【同步】下拉列表（见图 2-72）中设置声音的属性，其中各个选项的功能如表 2-4 所示。

图 2-70　声音的【属性】面板　　　图 2-71　【效果】下拉列表　　　图 2-72　【同步】下拉列表

表 2-4　　　　　　　　　　　　　　　　　【同步】下拉列表中各选项的功能

选 项	功 能
事件	将声音设置为事件，可以确保声音有效播放完毕，不会因为帧已经播放完而导致音效突然中断，设置该模式后，声音会按照指定的重复播放次数一次不漏地全部播放完
开始	将音效设定为开始，每当影片循环播放一次时，音效重新开始播放一次，如果影片很短而音效很长，就会在一个音效未完时，又开始另外一个音效，造成音效混乱
停止	结束声音文件的播放，可以强制开始和事件的音效停止
数据流	设置为数据流时，会迫使动画播放的进度与音效播放进度一致，如果遇到的机器运行不快，Flash 电影就会自动略过一些帧以配合背景音乐的节奏。一旦帧停止，声音就会停止，即使没有播放完，声音也会停止

提示

其中应用最多的是【事件】选项，它表示声音由加载的关键帧处开始播放，直到声音播放完或者被脚本命令中断。【数据流】选项表示声音播放和动画同步，也就是说，如果动画在某个关键帧上被停止播放，声音也随之停止，直到动画继续播放时，声音才会从停止处开始继续播放，一般用来制作MV。

6. 导入视频的方法

选择【文件】/【导入】/【导入视频】命令，弹出【导入视频】对话框，单击 浏览... 按钮，找到需要导入的视频文件，其余保持默认设置即可，将视频导入时间轴进行播放。

Flash CS6 只能导入 FLV 格式的视频文件，其他格式的视频文件需要利用 Flash CS6 中的"Adobe Media Encoder.exe"插件进行格式转换后方可导入。

操作一　【基础练习】——制作"中秋快乐"

本案例将使用 Flash CS6 的导入图像功能制作"中秋快乐"动画场景，最终效果如图2-73所示，制作流程如图2-74所示。

图2-73　制作"中秋快乐"　　　　　微课2-2：制作"中秋快乐"

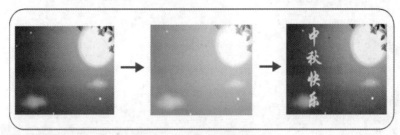

图2-74　"中秋快乐"制作流程图

【操作步骤】

1. 导入背景图片

步骤① 新建一个 Flash 文档，设置文档【尺寸】为"800像素×600像素"，其他文档属性保持默认设置。

步骤② 将默认的图层名称"图层1"重命名为"背景"。选中"背景"图层的第1帧，然后选择【文件】/【导入】/【导入到舞台】命令，弹出【导入】对话框，选择素材文件"素材\项目二\制作'中秋快乐'\中秋快乐.bmp"。

步骤③ 单击 打开(O) 按钮，将图像导入舞台中，然后选中舞台中的背景图片，打开【属性】面板，确认图片宽、高分别为"800 像素""600 像素"，此时的舞台效果如图 2-75 所示。

图 2-75　舞台效果

2. 制作背景渐显动画

步骤① 用鼠标右键单击背景图片，在弹出的快捷菜单中选择【转换为元件】命令，弹出【转换为元件】对话框，在【名称】文本框中输入"背景"，在【类型】下拉列表中选择【影片剪辑】选项，如图 2-76 所示。

步骤② 单击 确定 按钮，将背景图片转换为影片剪辑元件，在【库】面板中出现一个名为"背景"的影片剪辑元件，如图 2-77 所示。

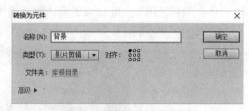

图 2-76　【转换为元件】对话框

步骤③ 选中"背景"图层的第 30 帧，按 F5 键插入一个普通帧；然后选中第 10 帧，按 F6 键插入一个关键帧，此时的时间轴状态如图 2-78 所示。

图 2-77　【库】面板

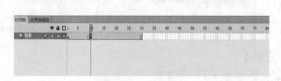

图 2-78　时间轴状态

步骤④ 选择"背景"图层第 1 帧的"背景"元件，在【属性】面板的【色彩效果】中的【样式】下拉列表中选择【Alpha】选项，设置其值为"0%"，如图 2-79 所示。

步骤⑤ 用鼠标右键单击"背景"图层第 1 帧～第 10 帧的任意一帧，在弹出的快捷菜单中选择【创建传统补间】命令，为"背景"图层创建传统补间动画，效果如图 2-80 所示。

图 2-79　设置【Alpha】值为"0%"

图 2-80　创建补间动画后的效果

3. **制作标题**

步骤① 新建图层并重命名为"标题"，选中"标题"图层第 10 帧，按 F7 键插入空白关键帧。

步骤② 选择【文本】工具 T，在舞台中输入文本"中秋快乐"，在【属性】面板中设置其字体为【华文楷体】，字体大小为"100"，文本颜色为"黄色"，拖动文本框使文字竖向排列，设置位置 x、y 坐标分别为"150""25"，如图 2-81 所示。此时的时间轴状态如图 2-82 所示，舞台效果如图 2-83 所示。

图 2-81　设置文本属性

图 2-82　时间轴状态

图 2-83　舞台效果

步骤③ 保存测试影片，完成动画的制作。

操作二　【重点案例】——制作"美声音乐"

本案例将使用 Flash CS6 的导入音频文件的功能来制作"美声音乐"，制作流程如图 2-84 所示。

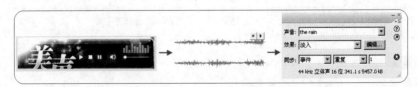
图 2-84　"美声音乐"制作流程图

【操作步骤】

1. 导入音乐文件

步骤① 打开素材文件"素材\项目二\制作'美声音乐'\模版.fla"，在"背景"图层上面新建图层并重命名为"音乐"，此时的文档效果如图 2-85 所示。

步骤② 选择【文件】/【导入】/【导入到库】命令，打开【导入到库】对话框，在【查找范围】下拉列表中选择音频文件的路径，并选中需要导入的音频文件，这里选择素材文件"素材\项目二\制作'美声音乐'\the rain.mp3"。

步骤③ 单击 打开(O) 按钮，将选择的音频文件导入【库】面板中，效果如图 2-86 所示。

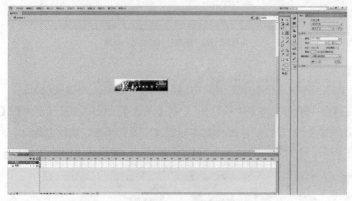

图 2-85　文档效果

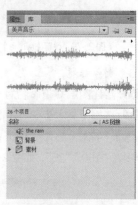

图 2-86　【库】面板

2. 把音频文件加入动画中

步骤① 选择"音乐"图层的第 1 帧，在【属性】面板的【声音】下拉列表中选择刚才导入的音频文件，在【效果】下拉列表中选择【淡入】选项，在【同步】下拉列表中选择【事件】选项，如图 2-87 所示。

步骤② 保存测试影片，完成动画的制作。

操作三　【突破提高】——制作"液晶电视"

本案例将利用 Flash CS6 的导入视频文件功能制作"液晶电视"效果，制作流程如图 2-88 所示。

图 2-87　音频的【属性】面板

微课 2-3：制作
"液晶电视"

图 2-88　"液晶电视"制作流程图

【操作步骤】

1. 导入背景

步骤① 新建一个 Flash 文档，设置文档尺寸为"550 像素×380 像素"，【帧频】为"20fps"，其他文档属性保持默认设置。

步骤② 将默认的图层名称"图层1"重命名为"电视",然后选择【文件】/【导入】/【导入到舞台】命令,将素材文件"素材\项目二\制作'液晶电视'\电视.png"导入舞台中,并相对舞台居中对齐,舞台效果如图 2-89 所示。

图 2-89 导入背景

2. 制作开场特效

步骤① 新建一个图层并重命名为"开场特效",分别选中"电视"图层和"开场特效"图层的第 16 帧,按 F5 键插入帧,时间轴状态如图 2-90 所示。

步骤② 选中"开场特效"图层的第 1 帧,然后选择【矩形】工具,在【属性】面板中设置笔触颜色为"无",填充颜色为"黑色",在舞台中绘制一个矩形,并调整其宽、高分别为"370""215",位置 x、y 坐标分别为"88""45.5",如图 2-91 所示。

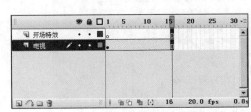

图 2-90 时间轴状态

图 2-91 设置矩形的属性

步骤③ 选中"开场特效"图层的第 8 帧,按 F6 键插入一个关键帧,然后调整矩形的填充颜色为"白色",舞台效果如图 2-92 所示。

步骤④ 选中"开场特效"图层的第 16 帧,按 F6 键插入一个关键帧,然后调整矩形填充颜色的"Alpha"值为"0%"。

步骤⑤ 选中"开场特效"图层第 1 帧~第 8 帧的任意一帧,然后选择【插入】/【补间形状】命令,为第 1 帧~第 8 帧创建形状补间动画。

步骤⑥ 用同样的方法为"开场特效"图层的第 8 帧~第 16 帧创建形状补间动画,此时的时间轴状态如图 2-93 所示。

图 2-92 调整矩形颜色为白色

图 2-93 时间轴状态

3. 导入视频

步骤① 在"电视"图层之上新建一个图层并重命名为"影视文件",然后选中"影视文件"图层的第

8 帧，按 F7 键插入一个空白关键帧。

步骤② 确认"影视文件"图层的第 8 帧处于选中状态，选择【文件】/【导入】/【导入视频】命令，弹出【导入视频】对话框。

步骤③ 单击 浏览... 按钮，弹出【打开】对话框，在【查找范围】下拉列表中选择视频的路径，并选择需要导入的视频。这里选择素材文件"素材\项目二\制作'液晶电视'\自然之美.flv"。

步骤④ 单击 打开(Q) 按钮，返回【导入视频】对话框。

步骤⑤ 选择【在 SWF 中嵌入 FLV 并在时间轴中播放】单选项，如图 2-94 所示。

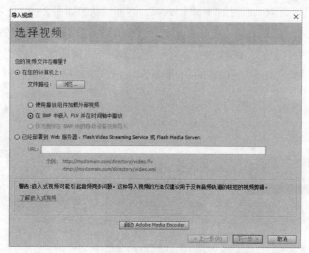

图 2-94　选择导入方式

步骤⑥ 单击 下一步 > 按钮，打开【嵌入】面板，在【符号类型】下拉列表中选择【嵌入的视频】选项，如图 2-95 所示。

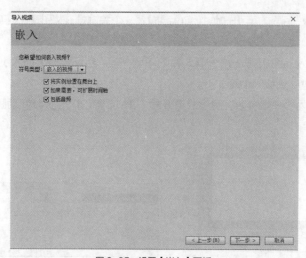

图 2-95　设置【嵌入】面板

步骤⑦ 单击 下一步 > 按钮，打开【完成视频导入】面板，单击 完成 按钮，Flash 将开始按照先前配置导入视频，完成后，视频将导入舞台中，并在【库】面板中显示导入的视频，如图 2-96 所示。

步骤⑧ 选择舞台中的视频，在【属性】面板中设置其属性，如图 2-97 所示。

图 2-96 【库】面板　　　　　图 2-97 "视频"的【属性】面板

步骤⑨ 分别选中"电视"图层和"开场特效"图层的第 386 帧，按 F5 键插入帧，时间轴状态如图 2-98 所示。

图 2-98 时间轴状态

步骤⑩ 保存测试影片，完成动画的制作。

小 结

　　素材是制作 Flash 动画的基础，精美的 Flash 作品包含了图形、文字、声音及影像等素材资源。这些素材可以在设计时临时绘制，也可以将之前绘制好的素材导入作品中，这样既可以节约设计时间，又可以重复使用已有资源。

　　Flash CS6 的设计工具都集中在工具箱中，读者需要熟练掌握常用工具的用法，如【选择】工具、【线条】工具、【颜料桶】工具、【文本】工具及【缩放】工具等。这些工具的使用技巧需要在长期的实践训练中慢慢积累，因此务必加强日常练习。

　　导入素材是制作大型素材的重要方法，读者应该掌握导入图片、声音和视频的基本方法和操作要领。因为导入的素材并不一定完全符合使用要求，还需要进行必要的编辑操作，所以应该掌握编辑各种素材的方法与技巧。

习 题

一、简答题

1. Flash 中常用的素材有哪些类型？
2. 简要说明在 Flash 中导入图片的主要步骤。
3. 简要说明在 Flash 中导入声音的主要步骤。
4. 简要说明在 Flash 中导入视频的主要步骤。

二、操作题

1. 认识 Flash CS6 工具箱中的主要工具，并练习这些工具的用法。

2. 使用绘图工具绘制图 2-99 所示的"蜘蛛网"。

3. 使用绘图工具绘制图 2-100 所示的"太阳"。

图 2-99　绘制"蜘蛛网"

图 2-100　绘制"太阳"

4. 使用绘图工具绘制图 2-101 所示的"鼠标"。

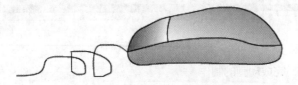

图 2-101　绘制"鼠标"

03

项目三
制作逐帧动画

在 Flash 动画制作中，逐帧动画（Frame By Frame）是最基础的动画类型，也是最常用的动画制作方法。逐帧动画的制作原理与电影播放模式类似，适合表现细腻的动画情节。合理运用逐帧动画的设计技巧，可以制作出生动、活泼的作品。本项目将从动画制作的原则和逐帧动画的原理出发，同时结合剖析大量案例的方式来全面讲述 Flash 逐帧动画。

学习目标

- ✔ 了解逐帧动画的制作原理。
- ✔ 掌握使用逐帧动画的方法。
- ✔ 掌握对帧的各种操作。
- ✔ 了解元件和库的概念。

任务一　了解逐帧动画制作原理

【知识解析】

1．帧的类型

Flash 动画由一定数量的帧组成，一帧就是动画中最小单位的单幅影像画面，相当于电影胶片上的每一格镜头，在 Flash 时间轴上，帧表现为一格或一个标记。帧又分为关键帧和普通帧两类。

各个关键帧之间的帧通常由软件创建，这些帧叫作过渡帧或者中间帧。

（1）关键帧

关键帧相当于二维动画中的原画，是指角色或者物体运动或变化中的关键动作所处的帧。在 Flash 中，每个关键帧都可以被赋予更多的用途。

- 普通关键帧：用于处理图形图像和动画。
- 动作脚本关键帧：用于存放动作脚本，通过动作脚本控制 Flash 影片和其中的影片剪辑。
- 空白关键帧：不包含任何对象的关键帧。

单个关键帧在时间轴上用一个黑色圆点表示，空白关键帧上显示为一个空心圆点。动作补间动画、形状补间动画、AS 代码、关键帧和空白关键帧在时间轴中的显示如图 3-1 所示。

（2）普通帧

普通帧是指内容没有变化的帧，通常用来延长动画的播放时间。空白关键帧后面的普通帧显示为白色，关键帧后面的普通帧显示为浅灰色。

普通帧的最后一帧显示为一个中空矩形，图 3-2 所示为普通帧在时间轴中的显示效果。

图 3-1　关键帧

图 3-2　普通帧最后一帧的效果

2．帧操作

在创建动画过程中，常常要对帧进行各种操作，表 3-1 所示为常用帧操作的命令和功能。

表 3-1　　　　　　　　　　　　常用帧操作的命令和功能

命　令	快捷键	功　能
创建补间动画		在当前选择帧的关键帧之间创建动作补间动画
创建补间形状		在当前选择帧的关键帧之间创建形状补间动画
插入帧	F5	在当前位置插入一个普通帧，此帧将延续上帧的内容
删除帧	Shift+F5	删除选择的帧
插入关键帧	F6	在当前位置插入关键帧并将前一关键帧的作用时间延长到该帧之前
插入空白关键帧	F7	在当前位置插入一个空白关键帧
清除关键帧	Shift+F6	清除选择的关键帧，使其变为普通帧
转换为关键帧		将选择的普通帧转换为关键帧
转换空白关键帧		将选择的帧转换为空白关键帧

续表

命　　令	快捷键	功　　能
剪切帧	Ctrl+Alt+X	剪切当前选择的帧
复制帧	Ctrl+Alt+C	复制当前选择的帧
粘贴帧	Ctrl+Alt+V	将剪切或复制的帧粘贴到当前位置
清除帧	Alt+Backspace	清除选择的关键帧
选择所有帧	Ctrl+Alt+A	选择时间轴中的所有帧
翻转帧		将选择的帧翻转，只有在选择了两个或两个以上的关键帧时，该命令才有效
同步符号		如果所选帧中包含图形元件实例，那么选择此命令将确保在制作动作补间动画时，图形元件的帧数与动作补间动画的帧数同步
动作	F9	为当前选择的帧添加 ActionScript 代码

3. 逐帧动画的原理

逐帧动画的原理是逐一创建出每一帧的动画内容，然后按照帧的顺序播放，从而实现连续的动画效果，如图 3-3 所示。

创建逐帧动画的典型方法主要有以下 3 种。

（1）从外部导入素材生成逐帧动画，如导入静态图片、序列图像、GIF 动态图片等。

（2）使用数字或者文字制作逐帧动画，如实现文字跳跃或旋转等特效的动画。

（3）绘制矢量逐帧动画，利用各种制作工具在场景中绘制连续变化的矢量图形，从而形成逐帧动画。

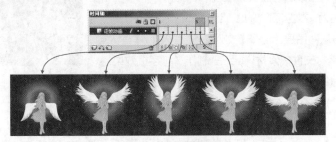

图 3-3　逐帧动画原理

操作一　【基础练习】——制作"打字机效果"

本案例将运用逐帧动画来实现打字机效果，如图 3-4 所示。在动画演示过程中，文字会像打字机打字一样逐一出现，避免文字过于呆板和单调，增加动感。

图 3-4　制作"打字机效果"

微课 3-1：制作
"打字机效果"

【操作步骤】

1. 新建一个 Flash 文档

步骤① 设置文档尺寸为"380 像素×140 像素"。

步骤② 设置【帧频】为"3fps"，如图 3-5 所示。

步骤③ 设置背景颜色为"#0066FF"，如图 3-6 所示。

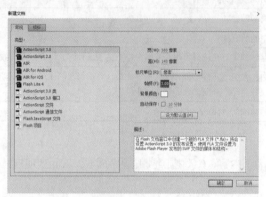

图 3-5　设置文档属性

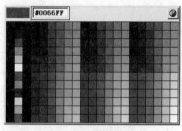

图 3-6　设置背景颜色

步骤④ 其他属性保持默认设置。

2. 创建背景

步骤① 将"图层 1"重命名为"背景层"。

步骤② 插入一个名为"文字层"的图层。

步骤③ 选中"背景层"图层，选择【文件】/【导入】/【导入到舞台】命令，导入素材文件"素材\项目三\制作'打字机效果'\背景图片.jpg"，并将其设置为与舞台居中对齐，如图 3-7 所示。

图 3-7　添加背景图片

3. 创建文字

步骤① 选中"文字层"图层。

步骤② 选择【文本】工具 T ，文字的属性设置如图 3-8 所示，设置字体为【宋体】，字体大小为"60"，文本颜色为"红色"、左对齐。

步骤③ 在场景中输入文字"恭喜发财"，然后调整其位置，效果如图 3-9 所示。

图 3-8　设置文本属性

图 3-9　创建文本

提示

　　设置文本属性时，字体可根据用户的喜好设置。如果没有找到本例设置的字体，可以在网络上下载该字体，也可以更换其他字体。

4. 创建动画

步骤① 选中"文字层"图层的第 2 帧，然后按住 Shift 键单击第 4 帧，从而把第 2 帧到第 4 帧全部选中，再单击鼠标右键，在弹出的快捷菜单中选择【转换为关键帧】命令。转换后的时间轴状态如图 3-10 所示。

步骤② 选中"背景层"图层的第 8 帧，按 F5 键插入帧。

步骤③ 选中"文字层"图层的第 8 帧，按 F5 键插入帧。

步骤④ 选中"文字层"图层的第 1 帧，然后单击文本使之处于可编辑状态，删除文字"喜发财"，删除后的文本效果如图 3-11 所示。

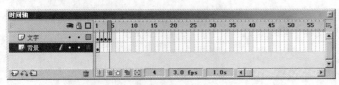

图 3-10　时间轴状态

图 3-11　第 1 帧文本效果

步骤⑤ 选中"文字层"图层的第 2 帧，使用同样方法删除文字"发财"，删除后的文本效果如图 3-12 所示。

步骤⑥ 选中"文字层"图层的第 3 帧，使用同样的方法删除文字"财"，删除后的文本效果如图 3-13 所示。第 4 帧保持不变。

图 3-12　第 2 帧文本效果

图 3-13　第 3 帧文本效果

5. 预览动画

　　至此，本例的全部动画已完成，按 Ctrl + S 组合键保存文档，按 Ctrl + Enter 组合键浏览动画效果。

　　本例展示了逐帧动画的制作原理。在不同的动画帧上具有不同的舞台内容，顺序播放时就形成了完整而有序的动画。本例还介绍了使用文字创建逐帧动画的方法，其设计关键在于调整当前显示文字的数量，使其逐渐增加，产生打字机打字的效果。

操作二　【重点案例】——制作"幻灯片效果"

　　在本例中将从外部导入 4 张图片并分布在不同的关键帧上，在播放过程中不断切换图片，形成幻灯片效果。最终效果如图 3-14 所示。

图 3-14　制作"幻灯片效果"

【操作步骤】

1. 新建文件

新建一个 Flash 文档，设置文档【尺寸】为"500 像素×300 像素"，【帧频】为"1fps"，其他属性保持默认设置，如图 3-15 所示。

2. 导入图片 a

步骤❶ 选中"图层 1"图层的第 1 帧，选择【文件】/【导入】/【导入到舞台】命令，导入文件"素材\项目三\制作'幻灯片效果'\a.png"。

步骤❷ 选中导入的图片，按照图 3-16 设置图片尺寸，效果如图 3-17 所示。

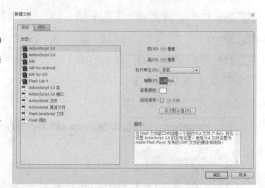

图 3-15　设置参数

图 3-16　调整图片尺寸

图 3-17　导入图片 a

提示

本例可以使用读者喜欢的图片，不同图片之间的搭配会有不同的效果。只要尽情发挥想象力，就会使制作出的动画更加完美。

3. 导入图片 b

步骤❶ 选中"图层 1"图层的第 2 帧，按 F7 键插入一个空白关键帧。

步骤❷ 选择【文件】/【导入】/【导入到舞台】命令，导入文件"素材\项目三\制作'幻灯片效果'\b.png"。

步骤❸ 使用与图 3-16 相同的参数调整图片尺寸，效果如图 3-18 所示。

4. 导入其他图片

步骤 ① 在"图层 1"图层的第 3 帧处插入空白关键帧，然后导入图片"素材\项目三\制作'幻灯片效果'\c.png"，并调整图片尺寸，效果如图 3-19 所示。

图 3-18　导入图片 b

图 3-19　导入图片 c

步骤 ② 在"图层 1"图层的第 4 帧处插入空白关键帧，然后导入图片"素材\项目三\制作'幻灯片效果'\d.png"，并调整图片尺寸，效果如图 3-20 所示。完成后的时间轴状态如图 3-21 所示。

图 3-20　导入图片 d

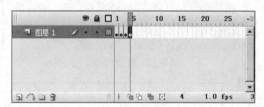

图 3-21　时间轴状态

5. 预览动画

至此，本例的全部动画完成，按 Ctrl + S 组合键保存文档，按 Ctrl + Enter 组合键浏览动画效果。

本例在不同的关键帧上放置不同的图片，形成在场景中不断切换图片的效果，增加了图片的动感。学习本例，读者可以轻松掌握通过导入外部静态图片创建逐帧动画的方法。

操作三　【突破提高】——制作"风云变幻的天空"

本案例将从外部导入一组蓝天白云图片并放置在连续帧上，使其在播放过程中形成天空风云变换的动态效果。最终效果如图 3-22 所示。

图 3-22　制作"风云变幻的天空"

微课 3-2：制作
"风云变幻的天空"

【操作步骤】

1. 新建文件

新建一个 Flash 文档，设置文档尺寸为"490 像素×95 像素"，其他属性保持默认设置，如图 3-23 所示。

2. 导入图片

步骤❶ 选中"图层 1"图层的第 1 帧，选择【文件】/【导入】/【导入到舞台】命令，打开文件"素材\项目三\制作'风云变幻的天空'"，双击图片"image2.jpg"，如图 3-24 所示。

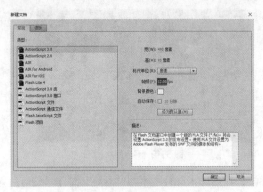

图 3-23 设置参数   图 3-24 导入图片

步骤❷ 在弹出的提示对话框中单击 是 按钮，如图 3-25 所示，此时时间轴状态如图 3-26 所示。

图 3-25 提示对话框   图 3-26 时间轴状态

> **提示**
>
> 读者可以利用第三方软件（如 Swish、Swift 3D、FlaX 等）产生动画序列图片。

3. 预览动画

至此，本例的全部动画制作完成，按 Ctrl+S 组合键保存文档，按 Ctrl+Enter 组合键浏览动画效果。

通过本案例的学习，读者可以初步掌握从外部导入序列图像创建逐帧动画的方法，其重点在于将一组有一定关联的序列图片依次放置在连续帧上，这样在顺序播放各个动画帧时会产生动态变换的效果。

任务二 使用元件和库创建动画

【知识解析】

元件是 Flash 动画的重要元素，灵活使用元件可以使开发工作事半功倍。

1. 元件和库的概念

元件是指创建一次即可多次重复使用的图形、按钮和影片剪辑，以实例的形式来体现，库是容纳和管理元件的工具。

形象地说，元件是动画的"演员"，实例是"演员"在舞台上的"角色"，库是容纳"演员"的

"房子"。如图 3-27 所示，舞台上的图形，如"草莓""橙子"都是元件，都存放在【库】面板中，如图 3-28 所示。

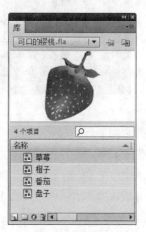

图 3-27　元件在舞台上的显示　　　　　　　　　图 3-28　元件和库

元件只需创建一次，就可以在当前文档或其他文档中重复使用。

2．使用元件的优点

（1）可以简化动画的编辑。在动画编辑过程中，把要多次使用的元素做成元件，如果修改该元件，那么应用于动画中的所有实例也将自动改变，而不必逐一修改，大大节省了制作时间。

（2）减小动画文件。重复的信息只保存一次，其他引用只保存引用指针，因此使用元件可以大大减小动画文件。

（3）加快文件的下载速度。只需要下载一次元件到浏览器端，因此可以加快动画的下载速度。

3．元件的类型

元件的类型有 3 种，即图形元件 、按钮元件 和影片剪辑元件 ，其特点和用途如表 3-2 所示。

表 3-2　　　　　　　　　　　　　　　元件的特点和用途

元件图标	元件类型	特点和用途
	【图形】元件	用于静态图像，创建与主时间轴同步的可重用的动画片段。图形元件与主时间轴同步运行，也就是说，图形元件的时间轴与主时间轴重叠。例如，如果图形元件包含 10 帧，那么要在主时间轴中完整播放该元件的实例，主时间轴至少需要包含 10 帧。另外，在图形元件的动画序列中，不能使用交互式对象和声音，即使使用了，也没有作用
	【按钮】元件	可以创建响应鼠标弹起、指针经过、按下和单击的交互式按钮
	【影片剪辑】元件	可以创建可重复使用的动画片段。例如，影片剪辑元件有 10 帧，在主时间轴中只需要 1 帧即可，因为影片剪辑将播放它自己的时间轴

操作一　【基础练习】——制作"动物的奥运"

本案例通过绘制矢量图形来制作逐帧动画。在动画演示过程中，有两只马在"奥运"的赛道上飞奔而过，向终点冲去，最终效果如图 3-29 所示。

微课 3-3：制作
"动物的奥运"

图 3-29　制作"动物的奥运"

【操作步骤】

1.　背景制作

步骤① 新建一个 Flash 文档，设置文档【尺寸】为"610 像素×390 像素"，其他属性保持默认设置。

步骤② 将默认的图层名称"图层 1"重命名为"背景"，选择【文件】/【导入】/【导入到舞台】命令，将素材文件"素材\项目三\制作'动物的奥运'\背景图片.bmp"导入舞台中，设置图片尺寸为"610 像素×390 像素"，并与舞台居中对齐，舞台效果如图 3-30 所示。

步骤③ 新建两个图层，依次重命名为"奥运"和"主标题"。

步骤④ 选中"奥运"图层，选择【文件】/【导入】/【打开外部库】命令，将素材文件"素材\项目三\制作'动物的奥运'\动物的奥运.fla"打开，把"奥运火炬"图形元件拖曳到舞台中，设置其属性如图 3-31 所示。

图 3-30　舞台效果　　　　　　　　　　　　　图 3-31　设置属性

步骤⑤ 选中"主标题"图层，从外部库中将"主标题"图形元件拖曳到舞台中，设置其属性如图 3-32 所示，此时的舞台效果如图 3-33 所示。

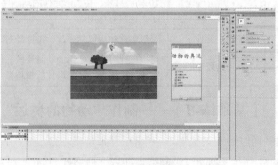

图 3-32　"主标题"元件的【属性】面板　　　　　　图 3-33　添加标题后的舞台效果

2．制作奔跑的马

步骤❶ 选择【插入】/【新建元件】命令，新建一个名为"千里马"的影片剪辑元件，绘制其奔跑效果如图 3-34 所示，最终的场景效果如图 3-35 所示。

图 3-34　第 1 帧~第 5 帧马的形态（1）

图 3-35　场景效果

步骤❷ 选择【插入】/【新建元件】命令，新建一个名为"黑马"的影片剪辑元件，绘制其奔跑效果如图 3-36 所示。

图 3-36　第 1 帧~第 5 帧马的形态（2）

步骤❸ 退出元件编辑，返回主场景。

提示

通常情况下，舞台一次只能显示动画序列的单个帧，使用绘图纸功能后，可以在舞台中一次查看两帧或多帧。

在绘制马儿奔跑动作的过程中，需要使用绘图纸外观工具观察马儿前一帧或者全部帧的变化，这对于精确把握马儿奔跑的动态效果有很大的帮助，激活【绘图纸外观轮廓】按钮 后的效果如图 3-37 所示。

单击 按钮后，在时间帧的上方会出现绘图纸外观标记 。拖曳外观标记的两端，可以扩大或缩小显示范围。

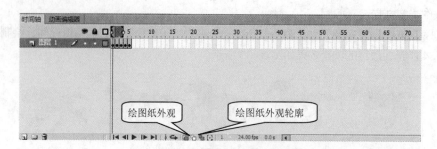

图 3-37 打开绘图纸外观按钮后的效果

3. 制作奔跑路线

步骤① 在"主标题"图层上面新建两个图层，分别重命名为"千里马"层和"黑马"。

步骤② 选中"千里马"图层，按 Ctrl + L 组合键，打开【库】面板，把"千里马"影片剪辑元件拖曳到舞台中（或选择【文件】/【导入】/【打开外部库】命令打开素材文件"素材\项目三\制作'动物的奥运'\动物的奥运.fla"，把"千里马"影片剪辑元件拖曳到舞台中），设置其属性如图 3-38 所示。

步骤③ 选中"黑马"图层，把【库】面板中的"黑马"影片剪辑元件拖曳到舞台中，设置其属性如图 3-39 所示，最终的场景效果如图 3-40 所示。

图 3-38 "千里马"的【属性】面板

图 3-39 "黑马"的【属性】面板

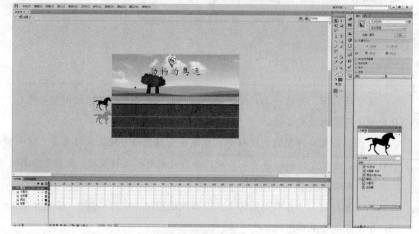

图 3-40 场景效果

步骤④ 分别在"背景"图层、"奥运"图层和"主标题"图层的第 40 帧插入一个帧。

步骤⑤ 在"千里马"图层的第 40 帧按 F6 键插入一个关键帧,把"千里马"元件调整到舞台的最右边。在"黑马"图层的第 30 帧插入一个关键帧,把"黑马"元件调整到舞台的最右边。然后分别在"千里马"图层的第 1 帧~第 40 帧和"黑马"图层的第 1 帧~第 30 帧创建传统补间动画,完成后的效果如图 3-41 所示。

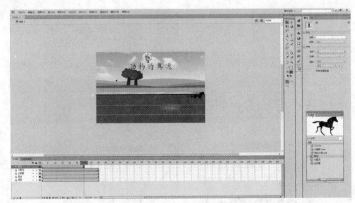

图 3-41 完成后的效果

步骤⑥ 保存测试影片,完成动画的制作。

操作二 【重点案例】——书写"生日快乐"

本案例将使用逐帧动画来细腻描摹在蛋糕上书写"生日快乐"4 个字的动画,其制作流程如图 3-42 所示。

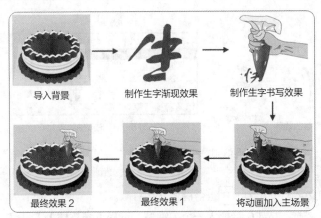

图 3-42 "生日快乐"制作流程图

微课 3-4:书写
"生日快乐"

【操作步骤】

1. 制作背景

步骤① 新建一个 Flash 文档,设置文档尺寸为"800 像素×700 像素",文档其他属性保持默认设置。

步骤② 将默认的图层名称"图层 1"重命名为"背景",然后选择【文件】/【导入】/【导入到舞台】命令,将素材文件"素材\项目三\书写'生日快乐'\背景.png"导入舞台,如图 3-43 所示。

2．制作"生"字的书写效果

步骤① 新建一个"影片剪辑"元件并命名为"文字"，单击 确定 按钮进入元件的编辑模式。

步骤② 选中默认的"图层1"图层的第1帧，选择【文本】工具 A，在舞台输入"生日快乐"4个字。在【属性】面板中设置字体为"方正舒体"，字体大小为"95"，文本颜色为"红色"，如图 3-44 所示，使其相对舞台居中对齐。

图 3-43　导入背景后的舞台效果　　　　图 3-44　设置文本属性

步骤③ 选中文字，按 Ctrl + B 组合键将其打散，效果如图 3-45 所示。用鼠标右键单击文字，在弹出的快捷菜单中选择【分散到图层】命令，将4个文字分散到不同的图层上，此时的时间轴状态如图 3-46 所示。

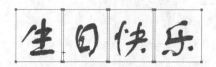

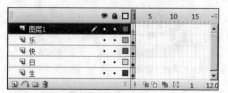

图 3-45　文字打散后的效果　　　　　　图 3-46　时间轴状态

步骤④ 删除"图层1"图层，然后调整图层的顺序从下到上为"生""日""快""乐"，如图 3-47 所示。

步骤⑤ 选中"生"图层上的文字，按 Ctrl + B 组合键将文字打散。

步骤⑥ 选中"生"图层的第2帧，按 F6 键插入一个关键帧，选择【橡皮擦】工具 ⌀，擦除"生"字最下边一横右边的一小部分，效果如图 3-48 所示。

图 3-47　调整图层顺序　　　　　　图 3-48　第2帧的文字

提示

这里擦除文字的顺序和文字书写出来的顺序刚好相反，其目的是后续步骤翻转帧之后，即可制作出文字被逐渐写出的效果。

步骤 ⑦ 在"生"图层的第 3 帧插入一个关键帧，继续擦除"生"字最下边一横右端的一小部分，效果如图 3-49 所示。

步骤 ⑧ 重复上面的步骤，直到把文字擦除得剩下很小的一部分，效果如图 3-50 所示。

步骤 ⑨ 此时的时间轴状态如图 3-51 所示。

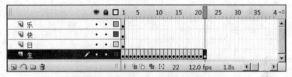

图 3-49　第 3 帧的文字　　图 3-50　擦除文字后的效果　　　　　图 3-51　擦除文字后的时间轴状态

步骤 ⑩ 选择"生"图层的所有帧，单击鼠标右键，在弹出的快捷菜单中选择【翻转帧】命令，如图 3-52 所示。

步骤 ⑪ 按 Enter 键预览动画，可以看到舞台上按书写时的笔画顺序显示出一个"生"字。

步骤 ⑫ 在"生"图层的上面新建一个图层并重命名为"手"，选择【文件】/【导入】/【打开外部库】命令，打开素材文件"素材\项目三\书写"生日快乐"\手.flv"，导入其中的"手"图形元件，如图 3-53 所示。

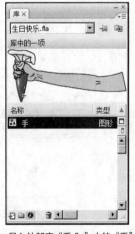

图 3-52　选择【翻转帧】命令　　　图 3-53　导入外部库"手.flv"中的"手"图形元件

步骤 ⑬ 将"手"元件拖入舞台中，移动袋尖位于"生"字第一画的起始位置，如图 3-54 所示。

步骤 ⑭ 选中"手"图层的第 2 帧，按 F6 键插入一个关键帧。将"手"元件移动到"生"字第一撇显示部分的末端，效果如图 3-55 所示。

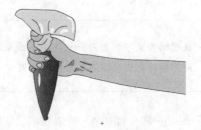

图 3-54　调整后第 1 帧挤袋的位置　　　　　图 3-55　第 2 帧挤袋的位置

步骤 ⑮　使用同样的方法逐帧移动"手"元件，直到使用"手"元件模拟写完整个"生"字，如图 3-56 所示。

3. 制作其他文字的写作效果

步骤 ❶　将"日"图层拖到"手"图层的下边，并将"日"图层的第 1 帧拖到第 25 帧处，效果如图 3-57 所示。

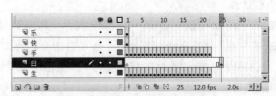

图 3-56　逐帧写完"生"字的效果　　　　　图 3-57　调整"日"图层的起始帧

步骤 ❷　按 Ctrl + B 组合键将"日"字打散。

步骤 ❸　选中"日"图层的第 26 帧，按 F6 键插入一个关键帧。

步骤 ❹　用反向擦除的方法将"日"字擦除至最后一笔，如图 3-58 所示。

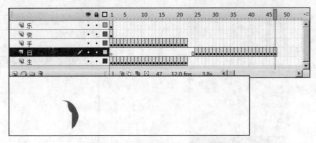

图 3-58　反向擦除完"日"字的效果

步骤 ❺　选中"日"图层的所有关键帧，单击鼠标右键，在弹出的快捷菜单中选择【翻转帧】命令，如图 3-59 所示。

步骤 ❻　选中"手"图层的第 25 帧，按 F6 键插入关键帧，调整"手"的位置，如图 3-60 所示，然后用逐帧移动的方法模拟写完整个"日"字，最后一帧的效果如图 3-61 所示。

图 3-59　选择【翻转帧】命令

图 3-60　第 25 帧挤袋的位置

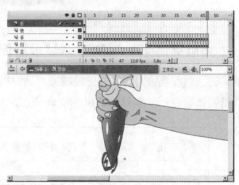

图 3-61　"日"字的最后一帧效果

步骤 ⑦ 用同样的方法分别制作"快"图层和"乐"图层的写作效果，如图 3-62 和图 3-63 所示。

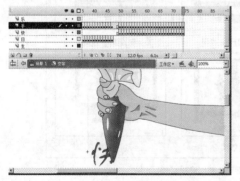

图 3-62　制作"快"字写作效果

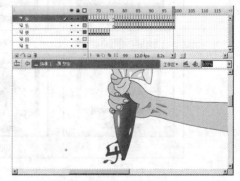

图 3-63　制作"乐"字写作效果

步骤 ⑧ 在所有图层的第 105 帧按 F5 键插入帧，此时的时间轴状态如图 3-64 所示。

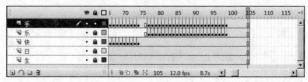

图 3-64　时间轴状态

步骤 ⑨ 单击 ⬅场景1 按钮，退出元件编辑模式，返回主场景。

步骤 ⑩ 在"背景"图层上新建一个图层并重命名为"写作效果"，将【库】面板中的"文字"影片剪辑元件拖曳到舞台并调整其位置，如图 3-65 所示。

步骤 ⑪ 保存测试影片，在蛋糕上书写"生日快乐"文字的动画效果制作完成。

图 3-65 调整"文字"元件的位置

操作三 【突破提高】——制作"显示器促销"

随着网络的飞速发展，网络促销已经成为产品促销的常用手段。本案例将制作显示器产品促销的网络动画，带领读者进一步学习并掌握逐帧动画的制作方法，其制作流程如图 3-66 所示。

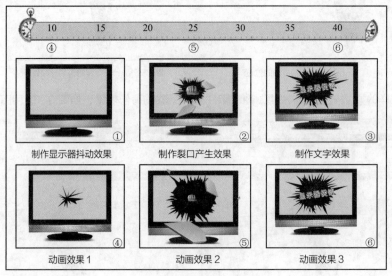

图 3-66 "跳楼促销"制作流程图

【操作步骤】

1. **布置场景**

步骤 ① 运行 Flash CS6 软件。

步骤 ② 新建一个 Flash 文档。

步骤 ③ 在【新建文档】对话框中设置相关参数，如图 3-67 所示。

步骤 ④ 新建图层，图层效果如图 3-68 所示。

① 连续单击🖿按钮新建图层。

② 重命名各个图层。

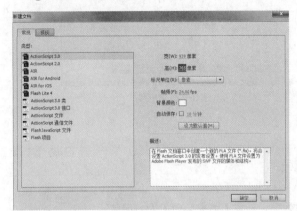

图 3-67 设置文档参数

图 3-68 图层效果

2. 制作显示器抖动效果

步骤① 导入图片，如图 3-69 所示。

① 选中"显示器"图层的第 1 帧。

② 选择【文件】/【导入】/【导入到舞台】命令，弹出【导入】对话框。

③ 将素材文件"素材\项目三\制作'显示器促销'\图片\显示器.jpg"导入舞台。

④ 将图片居中对齐到舞台。

步骤② 将图片转换为元件，如图 3-70 所示。

① 选中场景中的图片，按 F8 键弹出【转换为元件】对话框。

② 设置元件的名称和类型。

③ 单击 确定 按钮完成转换。

图 3-69 导入图片

图 3-70 将图片转换为元件

步骤③ 制作抖动效果，如图 3-71 所示。

① 在"显示器"图层的第 2 帧插入一个关键帧，将图片向下移动 12 像素。

② 在第 3 帧插入一个关键帧，将图片向上和向左移动 6 像素。

③ 在第 4 帧插入一个关键帧，将图片向上和向右移动 12 像素。

④ 在第 5 帧插入一个关键帧，将图片向左移动 6 像素。

步骤④ 复制帧，效果如图 3-72 所示。

① 复制"显示器"图层的第 1 帧~第 5 帧。

② 分别在第 6 帧、第 15 帧和第 20 帧粘贴帧。

③　在第 70 帧插入一个普通帧。

图 3-71　制作抖动效果

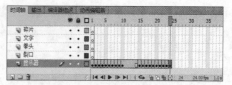
图 3-72　复制帧

3.　制作裂口效果

步骤❶　绘制裂口形状 1，效果如图 3-73 所示。

①　在"裂口"图层的第 2 帧插入一个关键帧。

②　按 P 键，选择【钢笔】工具。

③　在显示器中心位置绘制一个简单的裂口效果，设置【填充颜色】为"黑色"。

④　将绘制的形状转换为"裂口效果 1"图形元件，宽和高分别设置为"30"与"25"。

步骤❷　制作放大效果，如图 3-74 所示。

①　在"裂口"图层的第 3 帧插入一个关键帧。

②　按 Ctrl+T 组合键打开【变形】面板，设置变形大小为"130%"。

③　在第 4 帧插入一个关键帧，设置变形大小为"160%"。

④　在第 5 帧插入一个关键帧，设置变形大小为"190%"。

⑤　在第 10 帧插入一个关键帧，设置变形大小为"400%"。

⑥　在第 14 帧插入一个关键帧，设置变形大小为"300%"。

⑦　分别在第 5 帧～第 10 帧和第 10 帧～第 14 帧创建传统补间动画。

图 3-73　绘制裂口形状 1

图 3-74　制作放大效果

步骤❸　制作抖动效果，如图 3-75 所示。

①　在"裂口"图层的第 15 帧插入一个关键帧，将图片向下移动 12 像素。

②　在第 16 帧插入一个关键帧，将裂口向上和向左移动 6 像素。

③　在第 17 帧插入一个关键帧，将裂口向上和向右移动 12 像素。

④　在第 18 帧插入一个关键帧，将裂口向左移动 6 像素。

⑤ 在第 19 帧插入一个关键帧，设置变形大小为"450%"。

⑥ 在第 20 帧插入一个关键帧，设置变形大小为"600%"。

步骤④ 绘制裂口形状 2，效果如图 3-76 所示。

① 在"裂口"图层的第 21 帧插入一个空白关键帧。

② 在第 24 帧插入一个空白关键帧。

③ 按 P 键，选择【钢笔】工具。

④ 在显示器中心位置绘制裂口效果 2。

⑤ 将绘制的形状转换为"裂口效果 2"图形元件。

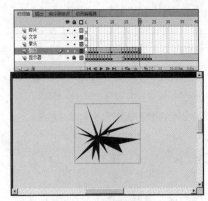

图 3-75 制作抖动效果

图 3-76 绘制裂口形状 2

步骤⑤ 制作放大效果，如图 3-77 所示。

① 在第 28 帧插入一个关键帧，设置变形大小为"240%"。

② 在第 31 帧插入一个关键帧，设置变形大小为"200%"。

③ 分别在第 24 帧～第 28 帧、第 28 帧～第 31 帧创建传统补间动画。

步骤⑥ 制作抖动效果，如图 3-78 所示。

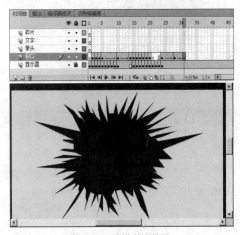

图 3-77 制作放大效果

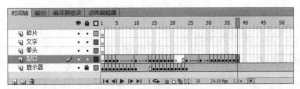

图 3-78 制作抖动效果

① 在第 32 帧插入一个关键帧，设置变形大小为"230%"。

② 在第 33 帧插入一个关键帧，设置变形大小为"200%"。

③ 在第 34 帧插入一个关键帧，设置变形大小为"225%"。

④ 在第 35 帧插入一个关键帧，设置变形大小为"200%"。

⑤ 在第 36 帧插入一个关键帧，设置变形大小为"220%"。

⑥ 在第 37 帧插入一个关键帧，设置变形大小为"200%"。

⑦ 在第 38 帧插入一个关键帧，设置变形大小为"215%"。

4. 制作拳头打击效果

步骤① 导入"拳头"图片，效果如图 3-79 所示。

① 在"拳头"图层的第 16 帧插入一个关键帧。

② 选择【文件】/【导入】/【导入到舞台】命令，弹出【导入】对话框。

③ 将素材文件"素材\项目三\制作"显示器促销"\图片\拳头.png"导入舞台。

④ 将图片转换为"拳头"图形元件。

⑤ 将元件放置在显示器中心位置。

步骤② 制作拳击效果，如图 3-80 所示。

① 按 Ctrl + T 组合键打开【变形】面板，调整第 16 帧的拳头变形大小为"30%"。

② 在第 17 帧插入一个关键帧，设置变形大小为"60%"，【旋转】为"-15°"。

③ 在第 18 帧插入一个关键帧，设置变形大小为"90%"，【旋转】为"-30°"。

④ 在第 19 帧插入一个关键帧。

⑤ 在第 24 帧插入一个关键帧，设置变形大小为"0%"，【旋转】为"0°"。

⑥ 在第 29 帧插入一个关键帧。

⑦ 在第 36 帧插入一个关键帧，调整元件的【Alpha】值为"0%"。

⑧ 分别在第 19 帧～第 24 帧、第 29 帧～第 36 帧创建传统补间动画。

图 3-79 导入"拳头"图片

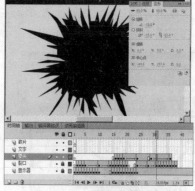

图 3-80 制作拳击效果

5. 制作文字效果

步骤① 创建文字，效果如图 3-81 所示。

① 在"文字"图层的第 38 帧插入一个关键帧。

② 按 T 键，选择【文本】工具。

③ 在舞台中输入文字"跳楼促销"，如图 3-81 左图所示。

④ 在【属性】面板的【字符】卷展栏中设置系列为"微软雅黑 "（读者可以设置为自己喜欢的

字体），大小为"50"，颜色为"红色"，如图 3-81 右图所示。

图 3-81　创建文字

步骤 2 制作文字描边效果，如图 3-82 所示。

① 在【属性】面板的【滤镜】卷展栏中添加【渐变发光】属性。

② 设置【渐变发光】的参数。

③ 在【属性】面板的【滤镜】卷展栏中添加【发光】属性。

④ 设置【发光】的参数。

⑤ 在【变形】面板中设置【旋转】角度为"−8"。

图 3-82　制作文字的描边效果

步骤 3 制作文字抖动效果，如图 3-83 所示。

① 在"裂口"图层的第 70 帧插入一个普通帧。

② 在"文字"图层的第 39 帧插入一个关键帧，将文字向下移动 6 像素。

③ 复制"文字"图层的第 38 帧和第 39 帧。

④ 分别在第 40 帧、第 42 帧和第 44 帧粘贴帧。

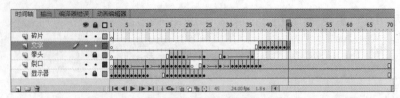

图 3-83　制作文字抖动效果

6. 制作碎片飞出效果

制作碎片飞出效果，如图 3-84 所示。

① 在"碎片"图层的第 40 帧插入一个普通帧。

② 在"碎片"图层的第 17 帧插入一个空白关键帧。

③ 选择【文件】/【导入】/【打开外部库】命令，弹出【作为库打开】对话框。

④ 打开素材文件"素材\项目三\制作'显示器促销'\外部库\碎片.fla"。

⑤ 将【外部库】面板中的"碎片"图形元件拖入舞台。

⑥ 在【属性】面板的【位置和大小】卷展栏中设置【X】为"362"，【Y】为"180"。

⑦ 在【属性】面板的【循环】卷展栏中设置【选项】为【播放一次】，【第一帧】为"1"。

图 3-84　制作碎片飞出效果

7. 保存影片文件

按 Ctrl + S 组合键保存影片文件，完成动画的制作。

 小　结

在所有的动画类型中，逐帧动画的设计原理最简单，它通过顺序播放多幅关联的图片并利用人的视觉暂留特性形成流畅自然的动画效果。制作逐帧动画的关键是依次在各个关键帧创建具有逻辑联系并且渐变的图像。

制作逐帧动画时需要注意，相邻两帧间画面内容的过渡不要跳跃太大，否则看起来不连贯，不利于对象的精细表现。设计时还要灵活掌握一些必要的设计技巧，比如在关键帧之间插入空白帧等。

逐帧动画常用来制作复杂、细腻的动画内容，如国内流行的"小小作品"就是逐帧动画的精品。逐帧动画的缺点是设计工作量大，交互性较差。在后续的项目中将介绍更多的动画设计方法和技巧。

习 题

一、简答题

1. 简要说明逐帧动画的特点和用途。

2. 帧有哪些基本类型？各有什么特点？

3. 如何理解图层的含义？将不同的设计内容放置在不同图层上有何好处？

二、操作题

1. 使用逐帧动画模拟制作一个动态 QQ 表情效果，如图 3-85 所示。

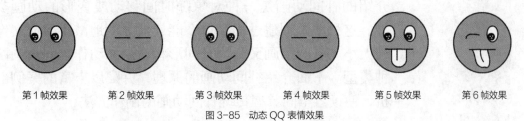

第1帧效果　　　　第2帧效果　　　　第3帧效果　　　　第4帧效果　　　　第5帧效果　　　　第6帧效果

图 3-85　动态 QQ 表情效果

2. 使用逐帧动画制作一个旗帜飘扬的动画，如图 3-86 所示。

第1帧　　　　　第2帧　　　　　第3帧　　　　　第4帧　　　　　第5帧

图 3-86　旗帜飘扬的动画

3. 使用逐帧动画制作一个倒计时的动画效果，如图 3-87 所示。

图 3-87　倒计时的动画效果

4. 使用逐帧动画制作一个鸟类飞翔的动画效果，如图 3-88 所示。

图 3-88　鸟类飞翔的动画效果

项目四
制作补间形状动画

在项目三中介绍了逐帧动画的制作方法，这类动画虽然原理简单，但是制作过程复杂，表现手段单一。本项目介绍的补间动画是一种对象随时间移动或变形的动画类型，这种动画创建过程简单，能最大限度地减小生成文件的大小。补间动画又分为补间形状动画和动作补间动画两种类型。下面介绍补间动画的原理，并配以丰富的案例剖析，使读者牢固掌握传统补间动画的制作方法。

学习目标

- ✔ 了解补间形状动画的制作原理。
- ✔ 掌握补间形状动画的创建方法。
- ✔ 掌握使用补间形状动画表现事物变化的过程。
- ✔ 掌握形状提示点的原理和使用方法。

任务一　了解补间形状动画制作原理

【知识解析】

1. 补间形状动画的原理

在一个关键帧中绘制一种物体的形状，然后在另一个关键帧中更改该物体的形状或绘制另一种物体的形状，Flash CS6 可在两者之间的各帧中自动创建形状逐渐变化的过渡帧，最后生成完整的动画，这种动画类型就是"补间形状动画"。

补间形状动画可以实现两个矢量图形之间颜色、形状、位置的变化，如图 4-1 所示。

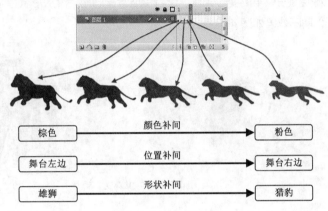

图 4-1　补间形状动画

2. 创建补间形状动画

在同一图层的不同矢量图形的两关键帧之间任选一帧，单击鼠标右键，在弹出的快捷菜单中选择【创建补间形状】命令，可以创建一个补间形状动画，如图 4-2 所示。

3. 认识补间形状动画的属性面板

Flash CS6 的【属性】面板随选定对象的不同发生相应的变化。建立一个补间形状动画后，单击时间轴，其【属性】面板如图 4-2 所示，其中经常使用的参数有以下两种。

（1）【缓动】文本框

在【缓动】文本框中输入相应的数值，补间形状动画会随之发生相应的变化。

* 其值为-100～0 时，动画变化的速度从慢到快。
* 其值为 0～100 时，动画变化的速度从快到慢。
* 缓动值为 0 时，补间帧之间的变化速率是不变的。

（2）【混合】下拉列表

在【混合】下拉列表中包含【角形】和【分布式】两个选项。

* 【角形】：表示创建的动画中间形状会保留有明显的角和直线，适合于具有锐化转角和直线的混合形状。

图 4-2　补间形状动画的【属性】面板

● 【分布式】：表示创建的动画中间形状比较平滑和不规则。

提示

创建补间形状动画时，其对象只能是矢量图形对象。要使用群组对象、图符引例对象和位图图像创建补间形状动画，需要先将其打散成矢量图形。

操作一　【基础练习】——制作"雄鸡变羊羔"

本案例制作一只鸡变为一只羊的变形动画，读者主要掌握利用"添加形状提示"功能制作补间形状动画的方法和技巧，动画效果如图4-3所示。

微课4-1：制作
"雄鸡变羊羔"

图4-3　制作"雄鸡变羊羔"

设计思路如下。

① 导入图片"鸡"和"羊"。

② 创建"鸡"变形到"羊"的动画。

③ 添加形状提示使变形达到预期的效果。

【操作步骤】

1. 创建影片

步骤❶ 新建一个 Flash 文档。

步骤❷ 选择【修改】/【文档】命令，打开【文档属性】对话框，设置文档【尺寸】为"400 像素×300 像素"，【背景颜色】为"浅青色（#E1F2FC）"，其他属性保持默认设置，如图4-4所示。

2. 创建"鸡"变成"羊"动画

步骤❶ 选择【文件】/【导入】/【导入到库】命令，打开素材文件"素材\项目四\制作'雄鸡变羊羔'"，将"鸡"和"羊"两张图片导入库中，【库】面板效果如图4-5所示。

步骤❷ 拖曳【库】面板中的"鸡"位图到舞台的第 1

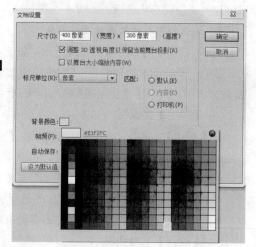

图4-4　【文档属性】对话框

个关键帧上，随后选中舞台上的"鸡"图片，选择【修改】/【位图】/【转换位图为矢量图】命令，在弹出的对话框中接受默认参数设置，将图片转换成矢量图形。

步骤③ 调整"鸡"的位置，使其对齐到舞台的中央，如图 4-6 所示。

步骤④ 在第 30 帧按 F7 键插入一个空白关键帧，将【库】面板中的"羊"元件拖入舞台，用同样的方法将位图转换为矢量图，并调整图片位置，效果如图 4-7 所示。

图 4-5　【库】面板　　　　图 4-6　舞台上的"鸡"图形　　　　图 4-7　舞台上的"羊"图形

3. 创建"鸡"变成"羊"动画

步骤① 在第 40 帧按 F6 键插入一个关键帧，选中第 1 帧，单击鼠标右键，在弹出的快捷菜单中选择【复制帧】命令，再选中第 70 帧，选择【粘贴帧】命令。

步骤② 在第 80 帧单击鼠标右键，在弹出的快捷菜单中选择【插入帧】命令。

步骤③ 分别选中第 1 帧和第 40 帧，在第 1 帧～第 30 帧和第 40 帧～第 70 帧分别创建补间形状动画，完成后的时间轴状态如图 4-8 所示。

4. 预览动画

至此，本例的全部动画完成，按 Ctrl+Enter 组合键浏览动画效果，按 Ctrl+S 组合键保存文档。

 提示

目前的动画变形还不是很精确，可以在元件上添加形状提示来自定义变形过程，具体方法将在任务二中介绍。选中图层 1 的第 1 帧，选择【修改】/【形状】/【添加形状提示】命令，为图形添加几个形状提示符，如图 4-9 所示，然后调整第 1 帧和第 30 帧的形状提示位置。

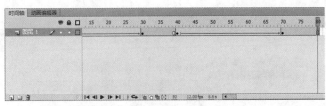

图 4-8　时间轴状态　　　　图 4-9　添加形状提示符

本例具有典型性，可以帮助读者很好地理解"形状变形补间"的设计原理。在设计时要特别注意添加形状提示的方法和技巧，该工具可以使最后生成的动画更加自然流畅，同时增加变形的真实性和趣味性。

操作二　【重点案例】——制作"汉字的演变"

微课 4-2：制作
"汉字的演变"

　　本案例主要使用补间形状动画制作工具制作文字演变的模拟动画。观看动画能够直观地感受文字的演变过程，其制作流程如图 4-10 所示。

【操作步骤】

1. 绘制太阳

步骤① 新建一个 Flash 文档，设置文档【尺寸】为"470 像素×600 像素"，【帧频】为"12fps"，文档其他属性保持默认设置，如图 4-11 所示。

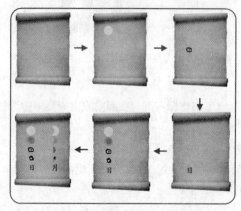

图 4-10　"汉字的演变"制作流程图

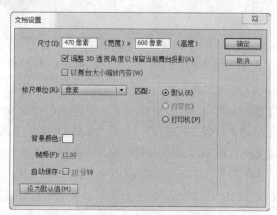

图 4-11　【文档设置】对话框

步骤② 将默认的图层名称"图层 1"重命名为"背景"，然后在第 100 帧处插入帧。

步骤③ 选择【文件】/【导入】/【导入到舞台】命令，将素材文件"素材\项目四\制作'汉字的演变'\卷轴.jpg"导入舞台中。

步骤④ 设置图片的宽、高分别为"468 像素""600 像素"，调整图片相对舞台居中对齐，使其刚好覆盖整个舞台，如图 4-12 所示。

步骤⑤ 锁定"背景"图层，在"背景"图层上新建图层并重命名为"日"，如图 4-13 所示。

图 4-12　导入效果

图 4-13　新建图层

步骤⑥ 选中"日"图层,选择【椭圆】工具绘制一个圆形,并在【属性】面板中设置圆的宽、高都为"80",如图 4-14 所示。

步骤⑦ 选中绘制的"圆",在【颜色】面板中设置笔触颜色为"无",填充颜色的类型为【径向渐变】,单击色块设置颜色从左到右依次为"FFFF00""FFFF00""C0C0C0",如图 4-15 所示。

步骤⑧ 选择【颜料桶】工具 对圆进行填充,并使用【渐变变形】工具调整,使圆具有一定的太阳放光效果,如图 4-16 所示。

图 4-14 "圆"的【属性】面板 　　　　图 4-15 【颜色】面板 　　　　图 4-16 太阳效果

2. 制作补间形状动画

步骤① 选中"日"图层的第 25 帧,按 F7 键插入空白关键帧,选择【文字】工具 **T**,在该帧输入一个"日"字。

步骤② 在【属性】面板中设置字体颜色为"黑色",字体大小为"60",字体为"甲骨文"(读者可以设置为自己喜欢的字体),效果如图 4-17 所示。

步骤③ 选中输入的"日"字,按 Ctrl+B 组合键将其打散。

步骤④ 用鼠标右键单击"日"图层的第 1 帧,在弹出的快捷菜单中选择【创建补间形状】命令,如图 4-18 所示。

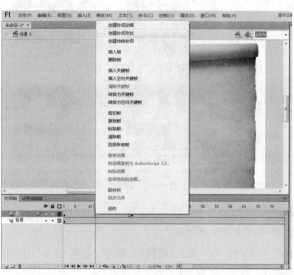

图 4-17 输入文字后的效果(1) 　　　　图 4-18 创建补间形状动画

步骤⑤ 选中"日"图层的第 50 帧，按 F6 键插入关键帧。

步骤⑥ 选中"日"图层的第 75 帧，按 F7 键插入空白关键帧，选择【文字】工具 T，在该帧输入一个"日"字，在【属性】面板中设置字体颜色为"黑色"，字体大小为"60"，字体为"华文楷体"，效果如图 4-19 所示。

步骤⑦ 选中输入的"日"字将其打散，然后在第 50 帧～第 75 帧创建补间形状动画，此时的图层效果如图 4-20 所示。

图 4-19　输入文字后的效果（2）

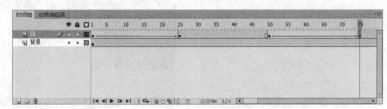

图 4-20　图层效果

3.制作"月"字

使用相同的方法制作"月"字的演变过程。

4.保存

保存测试影片，文字演变过程的动画制作完成。

操作三　【突破提高】——制作"浪漫的绽放"

本案例将使用补间形状动画工具制作"浪漫的绽放"动画，实现鲜花的绽放效果，其制作流程如图 4-21 所示。

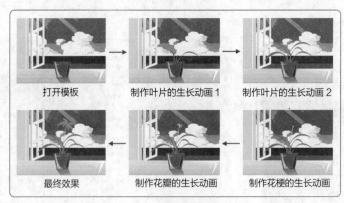

图 4-21　"浪漫的绽放"制作流程图

【操作步骤】

1.制作叶片的生长动画

步骤① 打开素材文件"素材\项目四\制作'浪漫绽放'\浪漫的绽放-模板.fla"，获得的场景效果如图 4-22 所示。

步骤② 在"背景"图层之上新建并重命名图层，直至图层效果如图 4-23 所示。

图 4-22 模板场景   图 4-23 图层效果

步骤③ 选择【矩形】工具 ▢，在【属性】面板中设置笔触颜色为"无"，填充颜色为"#37C030"，在"叶片 1"图层上绘制一个宽、高分别为"5 像素""5 像素"的矩形，并将其置于花盆的后面，效果如图 4-24 所示。

步骤④ 在"叶片 1"图层的第 10 帧插入关键帧，利用【部分选取】工具 ▸ 调整第 10 帧处"矩形"的形状如图 4-25 所示。

步骤⑤ 在"叶片 1"图层的第 20 帧插入关键帧，利用【部分选取】工具 ▸ 调整第 20 帧处"矩形"的形状如图 4-26 所示。

图 4-24 第 1 帧叶片形状   图 4-25 第 10 帧叶片形状   图 4-26 第 20 帧叶片形状

步骤⑥ 在第 1 帧～第 10 帧、第 10 帧～第 20 帧创建补间形状动画，这样一片叶子的生长过程就制作完成了。

步骤⑦ 使用同样的方法在图层"叶片 2""叶片 3""叶片 4""叶片 5""叶片 6"上分别制作其他 5 片叶子，完成叶片的生长动画。此时的场景效果如图 4-27 所示，时间轴效果如图 4-28 所示。

图 4-27 完成叶片制作

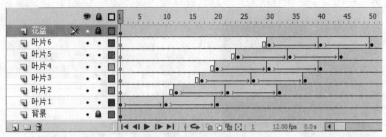

图 4-28　时间轴效果

> **提示**
>
> 　　在制作叶片生长动画效果时，注意调整叶片生长的先后顺序，尽量使叶片生长看起来贴近自然。每个叶片的生长时间也可根据叶片大小有所不同。建议将制作完成的图层锁定，以免产生误操作。

2. 制作花梗的生长动画

步骤① 在"叶片 6"图层上面新建一个图层并重命名为"花梗"。

步骤② 在"花梗"图层的第 65 帧插入关键帧。

步骤③ 选择【矩形】工具□，在【属性】面板中设置笔触颜色为"无"，填充颜色为"#CCE492"，在"花梗"图层的第 65 帧绘制一个宽、高分别为"5 像素""5 像素"的矩形，然后将其置于花盆的后面，效果如图 4-29 所示。

步骤④ 利用【部分选取】工具▶调整矩形的形状如图 4-30 所示。

步骤⑤ 在"花梗"图层的第 105 帧插入关键帧，利用【部分选取】工具▶调整第 105 帧处"花梗"的形状，如图 4-31 所示。

步骤⑥ 在第 65 帧～第 105 帧创建补间形状动画，这样花梗的生长过程就制作完成了。

图 4-29　原始矩形

图 4-30　花梗的原始形状

图 4-31　第 105 帧花梗形状

3. 制作花瓣的生长动画

步骤① 在"花梗"图层上面新建并重命名图层，直至图层效果如图 4-32 所示。

步骤② 在"花瓣 1"图层的第 105 帧插入关键帧。

步骤③ 选择【椭圆】工具，在【属性】面板中设置笔触颜色为"无"，填充颜色为"#F997DC"，在"花瓣"图层的第 105 帧绘制一个宽、高分别为"1.3 像素""1.1 像素"的圆，并将其置于花梗顶端花苞的上面，效果如图 4-33 所示。

图 4-32　图层效果　　　　　图 4-33　第 105 帧花瓣形状

> **提示**
>
> 　　在绘制花瓣的原始形状时，需要将其放置在花苞上并适当调整位置，使得花开得更自然，也达到掩盖花苞的目的。

步骤④ 在"花瓣1"图层的第135帧插入关键帧，利用【部分选取】工具 ↖ 调整第135帧处"花瓣"的形状如图4-34所示。

步骤⑤ 在第105帧～第135帧创建补间形状动画，这样一片花瓣的生长过程就制作完成了。

步骤⑥ 使用同样的方法在图层"花瓣2""花瓣3""花瓣4""花瓣5""花瓣6"上分别制作其他5片花瓣的形状，完成花瓣的生长动画，效果如图4-35所示。

步骤⑦ 最终的场景效果如图4-36所示。

图 4-34　第 135 帧花瓣形状

图 4-35　完成制作

图 4-36　最终场景效果

步骤⑧ 保存测试影片，美丽的花朵浪漫绽放的动画效果制作完成。

任务二　掌握形状提示点原理

【知识解析】

1. 添加形状提示

单击补间形状动画的开始帧，选择【修改】/【形状】/【添加形状提示】命令，在形状上会增加一个带字母的红色圆圈，相应地，在结束帧的形状上也会增加形状提示符，如图4-37所示。

分别将这两个形状提示符放置到适当的位置时，起始关键帧上的形状提示点为黄色，结束关键帧的形状提示点为绿色，如图4-38所示。

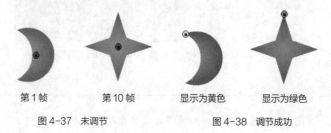

第1帧　　　　第10帧　　　　显示为黄色　　　　显示为绿色

图4-37　未调节　　　　　　　　　图4-38　调节成功

2. 形状提示点原理

继续添加形状提示点，并调节提示点位置，此时图形变化的过程如图4-39所示。

图4-39　使用形状提示

图4-40所示为未添加形状提示点的变化过程，经过观察可以清楚地了解形状提示的功能和原理，即形状提示点用于识别起始形状和结束形状中相对应的点，并用字母a~z表示。

图4-40　未使用形状提示

在添加形状提示的过程中，应该注意以下几点。

- 增加控制点只能在开始帧进行。
- 控制点用字母表示，一个图形上最多可设置26个控制点。
- 控制点最好从矢量图形的左上角开始，按逆时针顺序放置。
- 控制点的顺序要符合逻辑。例如，在开始帧的一条直线上按a、b、c的顺序放置3个控制点，在结束帧的直线上就不能按a、c、b的顺序放置。
- 控制点并非设置得越多越好，有时设置一个控制点就可以达到很好的效果。

操作一　【基础练习】——制作"蝙蝠飞翔"

本案例利用添加提示点工具制作蝙蝠的飞翔动画，逼真地表现蝙蝠的飞翔动作，真实再现蝙蝠飞翔的过程。

【操作步骤】

步骤① 打开素材文件"素材\项目四\制作'蝙蝠飞翔'\飞翔的蝙蝠.fla"。

步骤② 分别在第1帧～第10帧、第11帧～第20帧、第21帧～第30帧、第31帧～第40帧创建补间形状动画，拖动时间轴观察图形的渐变效果，如图4-41所示。

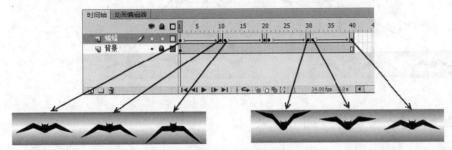

图4-41　形状补间效果

微课4-3：制作
"蝙蝠飞翔"

提示

通过观察可以发现，此时整个补间形状动画效果杂乱无章，没有达到预期的效果。

步骤③ 选中"图层1"的第1帧，选择【修改】/【形状】/【添加形状提示】命令，添加一个形状提示点，并将其拖曳到蝙蝠的翅膀上，如图4-42所示。

步骤④ 选中第10帧，将提示点也拖曳到蝙蝠的翅膀上，此时形状提示点变为绿色，如图4-43所示。

图4-42　添加形状提示点（1）

图4-43　调整形状提示点（1）

步骤⑤ 使用同样的方法添加3个形状提示点，并分别在第1帧和第10帧调整提示点的位置，效果如图4-44和图4-45所示。

图4-44　添加形状提示点（2）

图4-45　调整形状提示点（2）

步骤⑥ 使用同样的方法为后续的补间形状动画添加形状提示点，图4-46所示为第31帧的形状提示点，图4-47所示为第40帧的形状提示点。

图 4-46　添加形状提示点（3）　　　图 4-47　调整形状提示点（3）

步骤 7 拖动时间轴观察这个补间形状动画的变换效果，如图 4-48 所示。

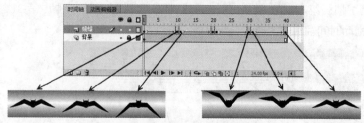

图 4-48　添加形状提示点后的效果

操作二　【重点案例】——制作"翻书效果"

本案例将利用形状提示辅助补间形状来模拟翻书的真实效果，设计效果如图 4-49 所示，制作流程如图 4-50 所示。

微课 4-4：制作
"翻书效果"　　　　　　　图 4-49　制作"翻书效果"

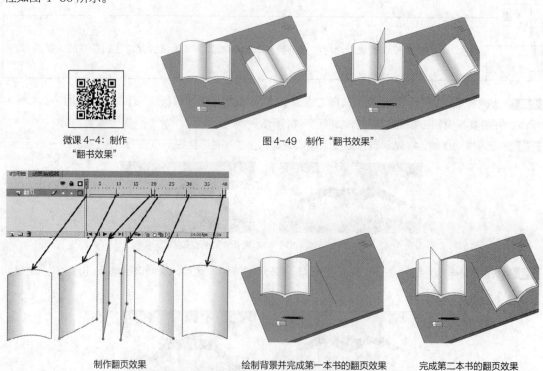

制作翻页效果　　　　绘制背景并完成第一本书的翻页效果　　　完成第二本书的翻页效果

图 4-50　"翻书效果"制作流程图

【操作步骤】

步骤 1 新建一个 Flash 文档，文档属性保持默认设置。

步骤 2 在舞台绘制一个矩形，并设置宽、高分别为"130"像素"190"像素，位置 x、y 坐标分别为"250"像素"150"像素,效果如图 4-51 所示,然后调整其形状,效果如图 4-52 所示。

步骤❸ 利用形状提示制作翻页效果,图 4-53 所示为各个关键帧的形状和提示点的分布情况。

步骤❹ 在翻页效果所在图层下新建图层,并在其上绘制"书底"效果,如图 4-54 所示。

步骤❺ 在所有图层之下新建图层,并在其上绘制书桌和小饰品,如图 4-55 所示。

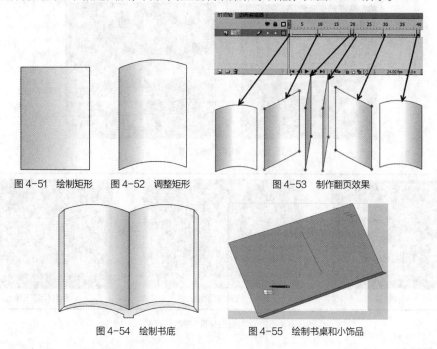

图 4-51　绘制矩形　　图 4-52　调整矩形　　　图 4-53　制作翻页效果

图 4-54　绘制书底　　　　　图 4-55　绘制书桌和小饰品

步骤❻ 保存测试影片,得到图 4-56 所示的翻页效果。

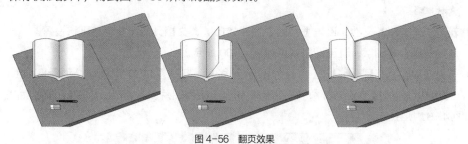

图 4-56　翻页效果

步骤❼ 为使舞台更加饱满,读者可以继续制作第二本书的翻页效果,如图 4-57 所示。

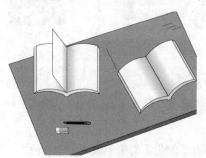

图 4-57　添加第二本书的翻页效果

操作三 【突破提高】——制作"旋转三棱锥"

本案例将利用形状提示点动画来制作一个旋转的三棱锥效果，如图 4-58 所示，其制作流程如图 4-59 所示。

图 4-58 制作"旋转三棱锥"

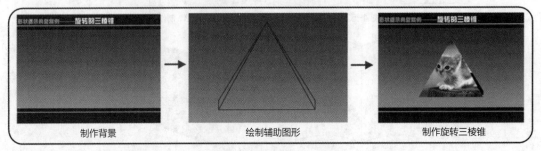

制作背景　　　　　　　　　绘制辅助图形　　　　　　　　　制作旋转三棱锥

图 4-59 "旋转三棱锥"制作流程图

【操作步骤】

1. **素材准备**

步骤① 新建一个 Flash 文档，设置【帧频】为"12fps"，文档其他属性保持默认设置。

步骤② 新建并重命名图层，直至图层效果如图 4-60 所示。

步骤③ 选择【文件】/【导入】/【打开外部库】命令，打开素材文件"素材\项目四\制作'旋转三棱锥'\旋转的三棱锥.fla"文件，将外部库中的元件和图片复制到当前库中，复制后的【库】面板如图 4-61 所示。

图 4-60 图层效果　　　　图 4-61 复制后的【库】面板

2. **设置主场景**

步骤① 选择【矩形】工具，在【颜色】面板中设置笔触颜色为"无"，填充颜色为【线性】，从左至右第 1 个色块颜色为"#00CCFF"，第 2 个色块颜色为"#006666"，如图 4-62 所示，在"背景"

图层上绘制一个宽、高分别为"550"像素、"400"像素的矩形，其位置 x、y 坐标均为"0"。

【颜色】面板

矩形

图 4-62　绘制背景

步骤② 将【库】面板中的"边框"元件放置到"边框"图层上，并与舞台居中对齐，效果如图 4-63 所示。

3．**绘制辅助图形**

步骤① 选择【多角星形】工具，在【属性】面板中设置笔触高度为"1"，笔触颜色为"红色"，填充颜色为"无"。

步骤② 单击 选项... 按钮，弹出【工具设置】对话框，设置【边数】为"3"，单击 确定 按钮完成设置。

步骤③ 在"辅助层"图层上绘制一个宽、高分别为"242.9""213"的三角形，其位置 x、y 坐标分别为"153.6""93.5"，效果如图 4-64 所示。

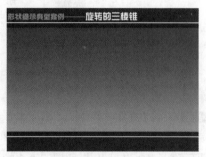

图 4-63　布置上下边框

步骤④ 选择【线条】工具，在【属性】面板中设置笔触高度为"1"，笔触颜色为"红色"，在"辅助层"图层上的三角形右边绘制两条边作为三棱锥的侧边，效果如图 4-65 所示。

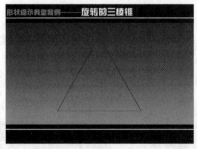

图 4-64　绘制三角形

图 4-65　绘制侧边

提示

在绘制两条边时，注意线段需要两两相交，为后面填充图形和对齐图形做好准备。

步骤⑤ 选中绘制的两条边，复制两条边，按 Ctrl+T 组合键打开【变形】面板，设置图形旋转参数如图 4-66 所示。单击 按钮，将复制的两条边线水平移动到三角形的左侧，效果如图 4-67 所示。

图 4-66　【变形】面板　　　　　　　　图 4-67　复制两条边

步骤 ⑥ 在所有图层的第 60 帧插入帧，效果如图 4-68 所示。

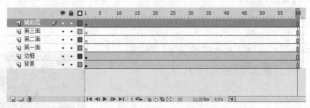

图 4-68　在第 60 帧处插入帧

4. 制作旋转三棱锥效果

步骤 ① 将【库】面板中的"图片 1.jpg"图片放置到"第一面"图层上，并相对舞台居中对齐，选中舞台上的图片，按 Ctrl+B 组合键将图片打散，效果如图 4-69 所示。

步骤 ② 选中"辅助层"图层的第 1 帧，按 Ctrl+C 组合键复制当前帧的图形。

　　在复制当前帧图形前，先检查图形是否都被打散，如果存在没有打散的图形，需要先将图形打散后再进行复制操作，这样才能实现后面操作中分离图的效果。

步骤 ③ 选中"第一面"图层的第 1 帧，按 Ctrl+Shift+V 组合键将图形粘贴到当前位置，锁定并隐藏"辅助层"图层，效果如图 4-70 所示。

步骤 ④ 选择"第一面"图层上的图形，将多余的线条和填充区域删除，只保留正面三角形区域的图形，效果如图 4-71 所示。

图 4-69　放置第一张图片　　　　图 4-70　锁定并隐藏"辅助层"图层　　　　图 4-71　分离后的图形

步骤 ⑤ 在"第一面"图层的第 20 帧、第 40 帧和第 60 帧插入关键帧，然后在第 21 帧插入空白关键帧。

步骤⑥ 取消隐藏"辅助层"图层，选中"第一面"图层第 20 帧的图形，将该图形用【颜料桶】填充到图 4-72 所示的位置。选择【渐变变形】工具，向左上方移动填充区域的中心点，效果如图 4-73 所示。按 $\boxed{Ctrl}$+$\boxed{C}$ 组合键将当前图形复制到"第一面"图层的第 20 帧。

步骤⑦ 选中"第一面"图层第 40 帧的图形，将图形用【颜料桶】填充到图 4-74 所示的位置。

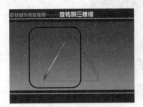
图4-72　改变图形形状

图4-73　调节渐变的中心位置

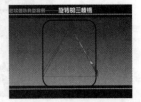
图4-74　改变图形形状

5. 制作第 1 张图片的动画

步骤① 选择【渐变变形】工具，向右上方移动填充区域的中心点，效果如图 4-75 所示。按 $\boxed{Ctrl}$+$\boxed{C}$ 组合键将当前图形复制到"第一面"图层的第 40 帧。

步骤② 隐藏"辅助层"图层，选择"第一面"图层，在第 1 帧～第 20 帧、第 40 帧～第 60 帧分别创建补间形状动画，观察它们的变化，效果如图 4-76 所示。

第 10 帧的图形　　　　　　　　第 50 帧的图形

图 4-75　调节渐变的中心位置　　　　　　　图 4-76　变形对比

提示

　　分析图 4-76 可知，第 1 帧～第 20 帧的变形符合需要的动画效果，而第 40 帧～第 60 帧的变形不符合需要的动画效果，这就需要添加形状提示点，让变形的效果达到预期。

步骤③ 选择"第一面"图层的第 1 帧，选择【修改】/【形状】/【添加形状提示】命令，为图形添加 3 个形状提示点，其分布如图 4-77 所示。

步骤④ 选择"第一面"图层的第 20 帧，调整形状提示点的分布，效果如图 4-78 所示。

图 4-77　第 40 帧提示点的分布

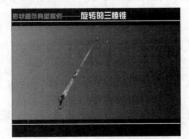
图 4-78　第 60 帧提示点的分布

步骤⑤ 选择"第一面"图层的第 40 帧，选择【修改】/【形状】/【添加形状提示】命令，为图形添加 3 个形状提示点，其分布如图 4-79 所示。

步骤⑥ 选择"第一面"图层的第 60 帧，调整形状提示点的分布，效果如图 4-80 所示。

图 4-79　第 40 帧提示点的分布　　　　图 4-80　第 60 帧提示点的分布

> **提示**
>
> 在这里添加形状提示点时，一定要将"b"放到上面的顶点处，这样变形才是动画需要的变形效果，读者可以试试其他的分布顺序，并观察它们的变形效果有何不同。

至此，第 1 张图片的动画制作完成。

6. 制作其他图片的动画

步骤① 制作"第二面"和"第三面"图层上动画效果的方法与制作"第一面"的方法相同，这里给出的相关信息如图 4-81 所示，以方便读者完成余下的工作。

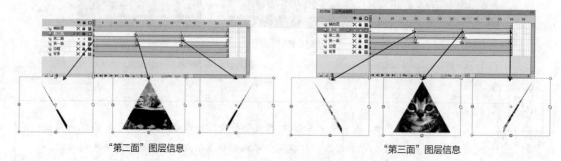

"第二面"图层信息　　　　　　　　"第三面"图层信息

图 4-81　制作"第二面"和"第三面"图层动画效果

步骤② 删除"辅助层"图层，删除后的时间轴效果如图 4-82 所示。

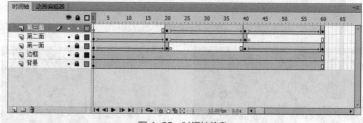

图 4-82　时间轴信息

步骤③ 保存测试影片，旋转的三棱锥动画制作完成。

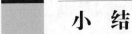
小 结

　　补间形状动画是指在两个形状之间创建逐渐过渡的动画。本项目首先介绍了补间形状动画的原理和创建方法，帮助读者建立对补间动画的基本认识，为后续深入学习补间形状奠定基础；接着配以丰富的补间形状动画案例，让读者从理论到实践，进一步巩固所学的知识。

　　本项目的难点是形状提示点的使用，这是创建补间形状的重要辅助工具，用于在动画制作中精确控制对象的形状，读者务必熟练掌握形状提示点的创建和应用方法。

　　补间动画在动画设计中应用广泛，创建原理清晰，操作简便，设计效果丰富。读者在学完本项目全部实例后，要认真总结相关的方法和技巧，举一反三，全面掌握补间动画的设计原理，并在创作中灵活应用。实现同一种动画效果可以采用不同的方法，但如何选择最方便、最有效的方法，需要在实践的基础上分析和总结。

习 题

一、简答题

1. 补间形状动画的主要应用对象是什么？
2. 应用补间形状动画时，如果产生的效果与预期的效果不一致，应该采取怎样的措施？
3. 应用补间形状动画应该注意哪几点？

二、操作题

1. 使用补间形状动画制作图 4-83 所示的变形效果。

图 4-83　变形效果

2. 利用补间形状动画制作一个简单的雨滴效果，如图 4-84 所示。

图 4-84　雨滴效果

项目五
制作补间动画

05

补间动画是 Flash CS6 的动画表现形式，在两个关键帧之间创建补间动画可以轻松实现两关键帧之间元件的动画过渡效果。补间动画作为 Flash 以前版本的主要动画类型，可实现几乎所有的动画效果。本项目将介绍补间动画的原理，并配以丰富的案例剖析，使读者掌握补间动画的制作方法。

学习目标

✔ 了解补间动画的制作原理。
✔ 掌握制作补间动画的基本方法和流程。
✔ 掌握时间轴特效的原理和使用方法。
✔ 总结制作补间动画的一般技巧。

任务一　制作传统补间动画

【知识解析】

1. 认识传统补间动画

传统补间动画处理的动画对象是舞台中组合后的矢量图形、字符、引入的元件实例，以及其他导入的素材对象等。

传统补间动画可以使对象产生位置、大小、旋转等变化效果，还可以使引入的元件实例产生颜色、透明度的变化，实现诸如淡入淡出等效果，如图 5-1 所示。

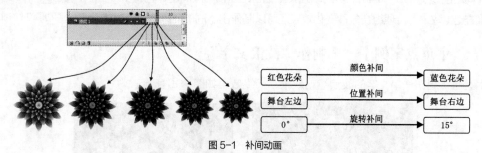

图 5-1　补间动画

> **提示**
>
> 只能对元件创建补间动画，对非元件的对象创建补间动画时，Flash CS6 将自动将其转化为元件。

2. 创建传统补间动画的方法

在存储同一元件两种不同属性的两关键帧之间任选一帧，在该帧上单击鼠标右键，在弹出的快捷菜单中选择【创建传统补间动画】命令，如图 5-2 所示，即可创建补间动画。

如果两关键帧中任何一个关键帧的内容为空，创建补间动画就会失败，如图 5-3 所示。

图 5-2　快捷菜单

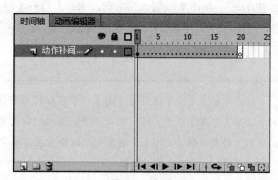

图 5-3　创建失败

3．认识补间动画的【属性】面板

选中补间动画的任一帧时，其【属性】面板如图 5-4 所示。

其中常用的参数为【缓动】文本框和【旋转】下拉列表，【旋转】下拉列表用于选择元件的旋转方式。

【顺时针】：表示元件播放时，按顺时针方向旋转，并可设置旋转次数。

【逆时针】：表示元件播放时，按逆时针方向旋转，并可设置旋转次数。

【自动】：表示元件的旋转由用户自己设置。

【无】：表示元件不旋转。

补间动画是 Flash 中运用最多的动画类型，它比逐帧动画简便，也有多种多样的变化效果，合理组合各种变化效果还可以制作出不同的动画效果。

图 5-4　补间动画的【属性】面板

操作一　【重点案例】——制作"波浪文字"

本案例将制作一串文字的波浪运动效果，最终效果如图 5-5 所示。

图 5-5　制作"波浪文字"

【操作步骤】

1．布置场景

步骤① 启动 Flash CS6，新建一个 Flash 文档，设置背景颜色为"#006699"，其他属性保持默认设置。

步骤② 选择【文件】/【导入】/【导入到舞台】命令，打开素材文件"素材\项目五\制作'波浪文字'"文件夹，导入其中的"波浪文字背景.png"图片。

步骤③ 选择【文本】工具 T，在【属性】面板中设置字体为"华文行楷"，字体大小为"45"，字体颜色为"白色"，在舞台中输入制作波浪动画的文字，这里输入的是张九龄《望月怀远》中的诗句"海上生明月 天涯共此时"，单击 按钮，结束输入状态。打开【对齐】面板，将文字对齐到舞台正中。

步骤④ 确认舞台中的文字处于选择状态，选择【修改】/【分离】命令，将文字分离成单个的字，如图 5-6 所示。

> 对选中的多个文字运用【分离】命令可以将文字分离成单个的文字；对选中的单个文字运用【分离】命令，可以将文字变成图形。有时目标系统缺少动画制作过程中使用的字体，用此命令将文字变成图形可保证动画在播放时，文字形状的正确性。

步骤⑤ 确认所有文字处于选中状态，在文字上单击鼠标右键，在弹出的快捷菜单中选择【分散到图层】命令，将"图层 1"向下拖曳到所有图层的下面，并将其重命名为"背景"，完成后的时间轴状态如图 5-7 所示。

图 5-6　分离文字

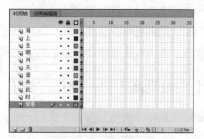

图 5-7　时间轴状态（1）

2. 制作波浪动画

图 5-8　时间轴状态（2）

步骤① 将"海"图层的第 6 帧向下拖曳到"时"图层的第 6 帧，选中所有文字图层的第 6 帧，按 F6 键插入关键帧。同样选中所有文字图层的第 11 帧，插入关键帧，完成后的时间轴状态如图 5-8 所示。

步骤② 选中全部图层的第 6 帧，单击 ▶ 按钮，选中舞台中的所有文字，将其整体向上移动一个文字高度的距离。

步骤③ 使用与步骤（1）相同的方法选择所有文字图层的第 1 帧，创建传统补间动画；再选中所有文字图层的第 8 帧，也创建传统补间动画，完成后的时间轴状态如图 5-9 所示。

步骤④ 单击"上"图层的名称栏，可以选择该图层的所有帧，将选中的所有帧向右拖动 3 帧的长度后释放。此操作将所有帧整体向后移动 3 帧，操作状态如图 5-10 所示。

图 5-9　时间轴状态（3）

图 5-10　移动帧

步骤⑤ 用同样的方法将下面的"生"图层至"时"图层的所有帧依次向后移动到相对前一图层 3 帧的长度，完成后的时间轴状态如图 5-11 所示。

步骤⑥ 选中所有图层的第 50 帧，按 F5 键插入帧，将所有图层延长至第 50 帧，完成后的时间轴状态如图 5-12 所示。

图 5-11　时间轴状态（4）

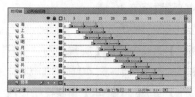

图 5-12　时间轴状态（5）

3. 预览动画

至此，本例的全部动画完成，按 `Ctrl`+`S` 组合键保存该文档，按 `Ctrl`+`Enter` 组合键浏览动画效果，可以看到文字像波浪一样出现的动画效果。

本案例的设计重点是对文字的处理，让文字产生波浪运动效果。这种文字特效可以增加文字的动感和作品的意境，请读者注意体会和总结其中的设计要领。

操作二 【突破提高】——制作"滋养大地"

本案例模拟水从杯中流出，渗入干旱的大地，使得花草重现的过程，制作流程如图5-13所示。

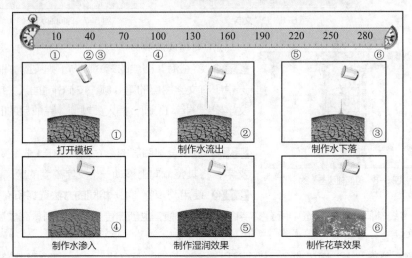

图5-13 "滋养大地"制作流程图

微课5-1：制作
"滋养大地"

【操作步骤】

1. 制作水流动画

步骤① 运行 Flash CS6 软件。

步骤② 打开制作模板，效果如图5-14所示。

① 按 `Ctrl`+`O` 组合键，打开素材文件"素材\项目五\制作'滋养大地'\滋养大地-模板.fla"。

② 在舞台上已放置背景元件和水杯元件。

③ 绘制"水"形状。

步骤③ 制作"水杯"的倾斜动画，效果如图5-15所示。

① 选中"水杯-前"图层与"水杯-后"图层的第10帧和第40帧。

② 按 `F6` 键添加关键帧。

③ 移动时间滑块至第40帧。

④ 同时选中两图层中的元件。

⑤ 在【变形】面板中设置【旋转】为"-45"。

⑥ 为两图层的第10帧～第40帧添加传统补间动画。

⑦ 在【属性】面板的【补间】卷展栏中设置【缓动】为"100"。

图 5-14　打开制作模板

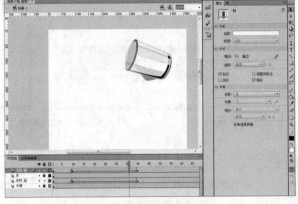

图 5-15　制作水杯倾斜动画

步骤④ 配合"水杯"的运动对"水"形状进行变形操作，效果如图 5-16 所示。

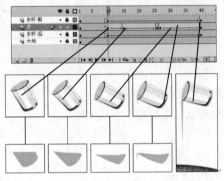

图 5-16　制作水倾出动画

提示

　　制作补间形状动画务必一步一步地进行。以制作水的倾出为例，要先确定第 15 帧的形状，再确定第 26 帧的形状，依次操作，不可先确定第 40 帧的形状，再确定中间几帧的形状。

　　在对形状进行变形时，切忌过多地操作，不要让形状变得复杂，要用尽量少的变形操作出尽量简单的形状。

　　补间形状动画的制作存在许多不定因素，需要灵活运用，在制作水的倾出动画时，可能会得到与图中不尽相同的时间轴效果，请不必担心，只要按照规律制作出正确的动画即可。

步骤⑤ 制作水流出的动画，效果如图 5-17 所示。

① 单击"水"图层的第 41 帧。

② 按 F6 键添加关键帧。

③ 选择【部分选取】工具 。

④ 对"水"进行变形操作。

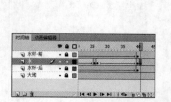
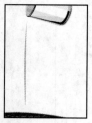

图 5-17　制作水流出动画

提示

在进行变形操作时，必须将水杯中的"水"与下落中的"水"断开，以便后面单独对流出的"水"进行变形操作。

步骤 ⑥ 创建"水–下落"图层，效果如图 5-18 所示。

① 选中"水"图层。

② 单击 按钮新建图层。

③ 重命名图层为"水–下落"。

④ 为"水–下落"图层的第 41 帧添加关键帧。

步骤 ⑦ 为"水–下落"图层添加形状，效果如图 5-19 所示。

① 选中下落部分的"水"。

② 按 Ctrl + X 组合键剪切。

③ 单击"水–下落"图层的第 41 帧。

④ 按 Ctrl + Shift + V 组合键粘贴至当前位置。

⑤ 关闭"水"图层的可视性，可观察到粘贴效果。

⑥ 打开"水"图层的可视性。

图 5-18　创建"水–下落"图层

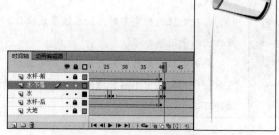

图 5-19　为"水–下落"图层添加形状

提示

要对单个形状创建补间形状动画，最好将此形状置于一个单独的图层中，否则在变形过程中可能会出错。

步骤⑧ 配合"水杯"的运动对"水"形状进行变形操作，效果如图 5-20 所示。

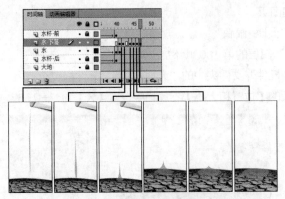

图 5-20　制作水下落的动画

提示　　在制作本段变形动画时，尽量少操作形状上部，可先将"水滴"向下移动至合适位置，再从形状的下部开始变形，操作出需要的形状。

步骤⑨ 制作水扩散的动画，效果如图 5-21 所示。

① 为"水-下落"图层的第 85 帧添加关键帧。

② 对"水"进行变形操作。

③ 为"水-下落"图层的第 47 帧～第 85 帧添加形状补间。

步骤⑩ 制作水渗入的动画，效果如图 5-22 所示。

① 为"水-下落"图层的第 100 帧添加关键帧。

② 单击"水-下落"图层的第 150 帧。

③ 选中"水"形状。

④ 在【颜色】面板中设置【Alpha】的值为"0"。

⑤ 为"水-下落"图层的第 100 帧～第 150 帧添加形状补间。

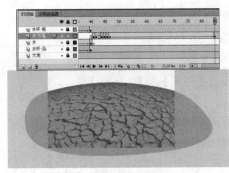

图 5-21　制作水的扩散动画

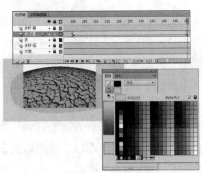

图 5-22　制作水的渗入动画

2.　制作大地绿化过程

步骤① 创建"大地-湿润"图层，效果如图 5-23 所示。

① 选中"大地"图层。

② 单击▣按钮新建图层。

③ 重命名图层为"大地–湿润"。

④ 为"大地–湿润"图层的第 180 帧添加关键帧。

⑤ 将【库】面板"元件"文件夹中的"大地–湿润"元件拖曳至舞台。

⑥ 在【属性】面板的【位置和大小】卷展栏中设置【X】为"-0.55"，【Y】为"488.9"。

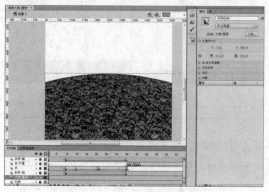

图 5-23　创建"大地–湿润"图层

步骤② 制作大地湿润过程，效果如图 5-24 所示。

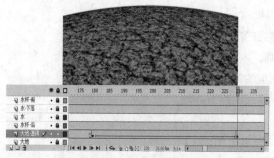

图 5-24　制作大地湿润过程

① 为"大地–湿润"图层的第 230 帧添加关键帧。

② 单击"大地–湿润"图层的第 180 帧。

③ 选中"大地–湿润"元件。

④ 在【属性】面板的【色彩效果】卷展栏中设置【样式】为【Alpha】。

⑤ 设置【Alpha】为"0"。

⑥ 为"大地–湿润"图层的第 180 帧～第 230 帧添加传统补间。

步骤③ 创建"大地–花草"图层，效果如图 5-25 所示。

① 选中"大地–湿润"图层。

② 单击▣按钮新建图层。

③ 重命名图层为"大地–花草"。

④ 为"大地–花草"图层的第 260 帧添加关键帧。

⑤ 将【库】面板"元件"文件夹中的"大地-花草"元件拖曳至舞台。

⑥ 在【属性】面板的【位置和大小】卷展栏中设置【X】为"-0.45",【Y】为"480.0"。

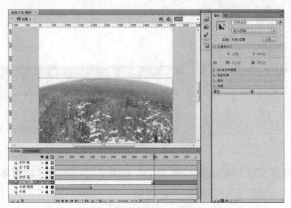

图 5-25　创建"大地-花草"图层

步骤④ 制作大地绿化过程,效果如图 5-26 所示。

① 为"大地-花草"图层的第 310 帧添加关键帧。

② 单击"大地-花草"图层的第 260 帧。

③ 选中"大地-花草"元件。

④ 在【属性】面板的【色彩效果】卷展栏中设置【样式】为"Alpha",设置其值为"0"。

⑤ 为"大地-湿润"图层的第 260 帧～第 310 帧添加传统补间。

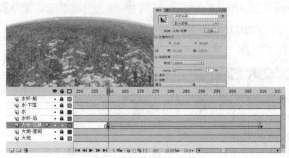

图 5-26　制作大地绿化过程

步骤⑤ 按 Ctrl + S 组合键保存影片文件,完成动画的制作。

任务二　制作补间动画

【知识解析】

1. 创建补间动画的方法

补间动画区别于其他动画的一大特点是,可以应用 3D 工具实现三维动画效果。补间动画可为元件(或文本字段)创建运动轨迹,还可为元件的运动增加丰富的细节。

创建补间动画的方法十分简单,在包含一个元件的图层的任意一帧单击鼠标右键,在弹出的快捷菜单中选择【创建补间动画】命令,即可创建补间动画,如图 5-27 所示。

图 5-27　创建补间动画

（1）如果图层是普通图层，它将成为补间图层。如果是引导图层、遮罩图层或被遮罩图层，它将成为补间引导图层、补间遮罩图层或补间被遮罩图层。

（2）在时间轴中拖动补间范围的任意一端，可以按所需长度缩短或延长范围，如图 5-28 所示。

（3）还可以拖动鼠标将补间区域全部选中，进行整体拖放，如图 5-29 所示。

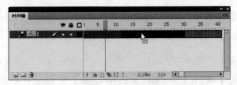

图 5-28　缩短或延长补间范围　　　　　　图 5-29　整体拖放补间范围

（4）将播放头放在补间范围内的某个帧上，然后将舞台的对象拖到新位置，即可将动画添加到补间，如图 5-30 所示，并且自动在时间轴播放头所在的帧处插入一个关键帧，选中舞台上的小狗，可以查看小狗运动的轨迹线。

时间轴效果　　　　　　　　　　　　　图层效果

图 5-30　添加动画到补间动画

（5）使用【选择】工具可以调整轨迹线，如图 5-31 所示，这样就极大地方便了对动画进行细部控制。

（6）要选中补间范围内的某一帧，可按住 Ctrl 键再单击鼠标左键来选择，如图 5-32 所示。

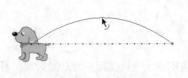

图 5-31　细部调整轨迹线　　　　　　　　图 5-32　选择一帧

2．补间动画原理

可补间的对象类型包括影片剪辑、图形和按钮元件以及文本字段。可补间对象的属性如下。

- 2D 对象的 x 和 y 位置。
- 3D 对象的 z 位置（仅限影片剪辑）。
- 2D 旋转（绕 z 轴）。
- 3D 对象的 x、y 和 z 旋转（仅限影片剪辑）。
- 3D 动画要求 FLA 文件在发布设置中面向 ActionScript 3.0 和 Flash Player 10。
- 倾斜 x 和 y 轴。
- 缩放 x 和 y 坐标。
- 颜色效果。颜色效果包括 Alpha（透明度）、亮度、色调和高级颜色设置。只能在元件上补间颜色效果。若要在文本上补间颜色效果，请将文本转换为元件。
- 滤镜属性（不包括应用于图形元件的滤镜）。

3. 认识三维工具

选择【工具】面板中的【3D 平移】工具 ，即可对舞台上的影片剪辑元件进行三维平移，如图5-33所示。

在 x 方向上移动元件　　在 y 方向上移动元件　　在 z 方向上移动元件

图 5-33　三维平移工具的使用

选择【工具】面板中的【3D 旋转】工具 ，即可对舞台上的影片剪辑元件进行三维旋转，如图 5-34 所示。

在 x 方向上旋转元件　　在 y 方向上旋转元件　　在 z 方向上旋转元件

图 5-34　三维旋转工具的使用

选择舞台上使用 3D 工具进行了操作的元件，可在【属性】面板中的【3D 定位和查看】卷展栏中设置 3D 位置坐标、透视角度以及消失点等参数，如图 5-35 所示。

- 透视角度：增大透视角度可使 3D 对象看起来更接近查看者。减小透视角度可使 3D 对象看起来更远。此效果与照相机镜头缩放效果类似。

- 消失点：3D 影片剪辑的 z 轴都朝着消失点后退。重新定位消失点，可以更改沿 z 轴平移对象时对象的移动方向。调整消失点的位置，可以精确控制舞台上 3D 对象的外观和动画。

图 5-35　【属性】面板

4. 【功能讲解】——认识动画编辑器

选择【窗口】/【动画编辑器】命令，打开【动画编辑器】面板，选取创建补间动画的帧后，可以查看所有补间属性及其属性关键帧，如图 5-36 所示。

动画编辑器还提供了向补间添加精度和详细信息的工具。在时间轴中创建补间后，动画编辑器允许以多种方式来控制补间。

使用动画编辑器可以进行以下操作。

- 设置各属性关键帧的值。
- 添加或删除各个属性的属性关键帧。
- 将属性关键帧移动到补间内的其他帧。
- 将属性曲线从一个属性复制并粘贴到另一个属性。
- 翻转各属性的关键帧。
- 重置各属性或属性类别。
- 使用贝赛尔控件对大多数单个属性的补间曲线形状进行微调（X、Y 和 Z 属性没有贝赛尔控件）。
- 添加或删除滤镜或色彩效果并调整其设置。
- 向各个属性和属性类别添加不同的预设缓动。
- 创建自定义缓动曲线。
- 将自定义缓动曲线添加到各个补间属性和属性组中。
- 对 X、Y 和 Z 属性的各个属性关键帧启用浮动。通过浮动，可以将属性关键帧移动到不同的帧或在各个帧之间移动以创建流畅的动画。

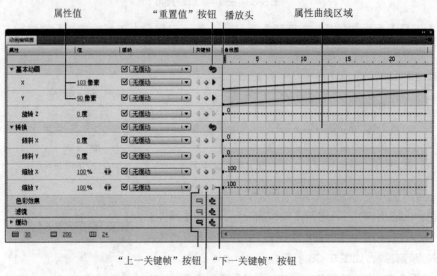

图 5-36　动画编辑器

操作一　【重点案例】——制作"图片展示效果"

本案例将利用【3D 旋转】工具 配合补间动画来制作"图片展示效果"的动画，让读者体验【3D 旋转】工具的使用方法。动画制作思路及效果如图 5-37 所示。

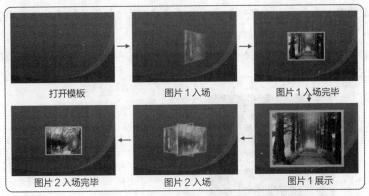

打开模板　　　　　　图片 1 入场　　　　　　图片 1 入场完毕

图片 2 入场完毕　　　　图片 2 入场　　　　　　图片 1 展示

图 5-37　"图片展示效果"制作思路及效果

微课 5-2：制作
"图片展示效果"

【操作步骤】

1. 制作"图片 1"元件的入场

步骤① 打开素材文件"素材\项目五\制作'图片展示'\图片展示-模板.fla"，场景效果如图 5-38 所示，【库】面板效果如图 5-39 所示。

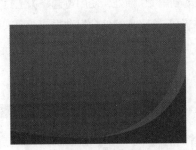

图 5-38　模板场景　　　　　图 5-39　【库】面板

步骤② 在"背景"图层之上新建并重命名图层，得到图 5-40 所示的图层效果。

步骤③ 在"图片 1"图层的第 20 帧处按 F6 键插入关键帧，将【库】面板中的"图片 1"元件拖入场景中，并相对舞台居中对齐。此时的场景效果如图 5-41 所示，时间轴效果如图 5-42 所示。

图 5-40　图层信息　　　　　图 5-41　第 20 帧处场景效果

图 5-42　时间轴效果

步骤④ 选择【窗口】/【变形】命令，在【变形】面板中设置"图片1"元件的【缩放宽度】和【缩放高度】变形均为"50%"。

步骤⑤ 在"图片1"图层的第20帧~第660帧的任意位置单击鼠标右键，在弹出的快捷菜单中选择【创建补间动画】命令，如图5-43所示。

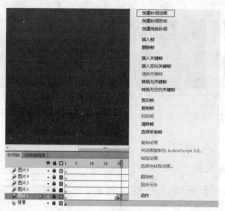

图5-43　创建补间动画

步骤⑥ 选择"图片1"元件，将播放头拖动到第29帧处，使用【选择】工具 将"图片1"元件向右移动半个图片宽度的距离（见图5-44左图），第29帧处会自动生成一个关键帧来记录这一改变，如图5-44右图所示。

设置属性　　　　　　　　　　　　　　时间轴效果

图5-44　生成关键帧

步骤⑦ 选择【3D旋转】工具 ，选择第29帧处的"图片1"元件，将鼠标指针放置在 y 轴线上，当鼠标指针变为图5-45所示的形状时，向下拖曳鼠标，对"图片1"元件进行3D旋转，效果如图5-46所示。

步骤⑧ 在【属性】面板的【色彩效果】卷展栏中设置【样式】为【Alpha】，设置其【Alpha】为"0%"，效果如图5-47所示。

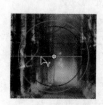

图5-45　鼠标指针形状　　　　图5-46　3D旋转效果　　　　图5-47　调整为透明

步骤 ⑨ 在"图片 1"图层的第 20 帧～第 29 帧的任意位置单击鼠标右键，在弹出的快捷菜单中选择【翻转关键帧】命令，如图 5-48 所示。

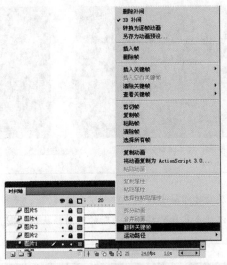

图 5-48 翻转关键帧

> **提示**
>
> 在为元件的 A、B 两帧（A 帧在前，B 帧在后）之间创建补间动画时，如 B 帧所需的元件属性已在 A 帧存在，则可在 B 帧处创建 A 帧所需的元件属性，然后使用【翻转关键帧】命令将 A、B 两帧翻转。

步骤 ⑩ 在第 31 帧和第 45 帧处按 F6 键插入关键帧，此时的时间轴效果如图 5-49 所示。

步骤 ⑪ 调整第 45 帧处"图片 1"元件的【宽度】和【长度】变形都为"100%"，效果如图 5-50 所示。

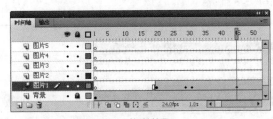

图 5-49 时间轴效果

图 5-50 场景效果

2. 制作"图片 1"元件的出场

步骤 ① 在"图片 1"图层的第 130 帧和第 144 帧处按 F6 键插入关键帧，调整第 144 帧处"图片 1"元件的【缩放宽度】和【缩放高度】变形都为"50%"，效果如图 5-51 所示。

步骤 ② 在第 146 帧和第 155 帧处按 F6 键插入关键帧。

步骤 ③ 选择第 155 帧处的"图片 1"元件，使用【选择】工具 ▶ 将"图片 1"元件向左移动半个图片宽度的距离。

步骤④ 选择【3D 旋转】工具 ，对"图片 1"元件进行 3D 旋转，设置其【Alpha】为"0%"，效果如图 5-52 所示。

 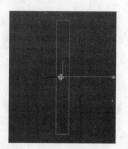

图 5-51　第 144 帧处场景效果　　　　　图 5-52　第 155 帧处场景效果

 提示

　　可在其他图层的时间轴上设置一个"空白关键帧"，并将其拖放到"图层 1"时间轴的第 156 帧处，以结束其后的补间，此时的时间轴状态如图 5-53 所示。

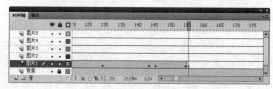

图 5-53　时间轴状态

3．制作其他图片动画

使用同样的方法为元件"图片 2""图片 3""图片 4"和"图片 5"制作图片展示效果。

 提示

　　读者可根据自己的喜好将后一个元件在前一个元件消失之前出现，使两个元件之间的衔接自然，时间轴参考效果如图 5-54 所示。

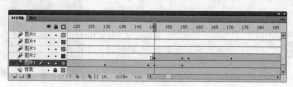

图 5-54　时间轴效果

4．保存影片

保存测试影片，图片展示效果制作完成。

操作二　【突破提高】——制作"跳跳表情"

　　本案例通过动画编辑器制作一个动感、绚丽的"跳跳表情"动画，其设计思路及效果如图 5-55 所示。

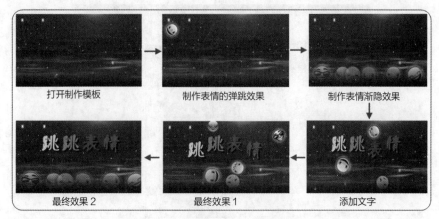

图 5-55　"跳跳表情"设计思路及效果

【操作步骤】

1. 制作弹跳的表情

步骤① 打开素材文件"素材\项目五\制作'跳跳表情'\制作模板.fla"，效果如图 5-56 所示。

图 5-56　打开"制作模板"文件

步骤② 将【库】面板中的"微笑"影片剪辑元件拖入"微笑"图层上，效果如图 5-57 所示。

图 5-57　将影片剪辑拖入场景

步骤③ 在"背景"图层和"微笑"图层的第 44 帧处插入帧，在"微笑"图层的第 1 帧~第 44 帧的任意一帧上单击鼠标右键，在弹出的快捷菜单中选择【创建补间动画】命令，如图 5-58 所示，创建补间动画，此时的时间轴状态如图 5-59 所示。

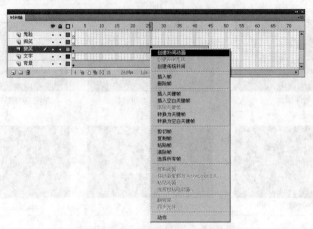

图 5-58　选择【创建补间动画】

图 5-59　时间轴效果

步骤④ 打开动画编辑器，在【缓动】卷展栏中单击 📟 按钮，在弹出的快捷菜单中选择【回弹】选项，如图 5-60 所示。

图 5-60　选择【回弹】选项

步骤⑤ 添加回弹效果后，在【缓动】卷展栏中设置【回弹】为"6"，如图 5-61 所示。

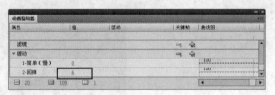

图 5-61　修改【回弹】缓动值

　提示

　　设置的缓动【回弹】值不同，回弹效果也大不相同。值越大，在相同距离和时间内，回弹次数越多，越接近真实的小球弹跳效果。

步骤⑥ 在【基本动画】卷展栏中为 Y 轴添加缓动【2-回弹】，如图 5-62 所示。

图 5-62　在 Y 轴上添加缓动【2-回弹】

步骤⑦ 将【曲线图】区域的播放头拖至第 44 帧处，然后改变场景中影片剪辑元件"微笑"的位置，完成后观察 Y 轴的"曲线图"，如图 5-63 所示，此时场景中的效果如图 5-64 所示。

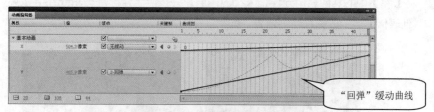

图 5-63　动画编辑器效果

图 5-64　第 44 帧处场景中的效果

> 本案例多次使用缓动"回弹"效果，读者需要注意观察图 5-64 中的"轨迹虚线"和"位置变化直线"，方便以后自己动手制作"自定义缓动"。

步骤⑧ 返回主场景，按住 Ctrl 键单击并选中 "微笑"图层的第 1 帧，在【变形】面板中设置其【缩放宽度】和【缩放高度】均为"40%"，然后使用同样的方法在第 44 帧设置其【缩放宽度】和【缩放高度】均为"40%"。

> 在 Flash CS6 中，对于普通补间，单击即可选中补间中的任何一帧；而对于"补间动画"，则只有按住 Ctrl 键单击，才可选中单独的一帧。

步骤⑨ 在【属性】面板中设置【旋转】为"1"次，【方向】为【顺时针】，其他参数使用默认值，如图 5-65 左图所示，得到的效果如图 5-65 右图所示。

图 5-65　制作影片剪辑元件"微笑"的变形和旋转动画

步骤 ⑩ 将【库】中的其他表情元件拖入相应图层，并按照制作影片剪辑元件"微笑"动画同样的方法制作其他表情图层中的弹跳动画效果，如图 5-66 所示。

第 11 帧场景中的效果　　　　　　第 44 帧场景中的效果

图 5-66　制作其他弹跳表情后场景中的效果

 提示　　对于每一个表情元件，读者可以根据自己的喜好按照图 5-65 左图，在【属性】面板中修改并添加运动过程中的旋转【方向】【角度】和【次数】等参数。

步骤 ⑪ 将各图层的补间范围拖动至图 5-67 所示的位置，完成所有表情弹跳动画的制作。

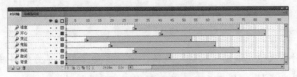

图 5-67　【时间轴】效果

2. 制作逐渐消失的表情动画

步骤 ① 将"背景"图层的图片复制到"遮罩"图层上，并在"水影"图层绘制一个和舞台宽度相同的矩形，放置于舞台最底端，然后设置其填充效果，如图 5-68 所示。

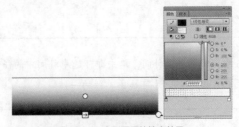

图 5-68　水影图层的填充效果

步骤 ② 在"遮罩"图层和"水影"图层的第 110 帧插入帧，图层效果如图 5-69 所示。

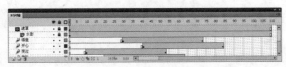

图 5-69　图层效果

步骤③ 按住 Ctrl 键单击选中"微笑"图层的第 44 帧，将该帧复制并粘贴到该图层的第 45 帧处，形成关键帧。

步骤④ 在所有含有"表情动画"的图层上，使用同样的方法将各图层的最后一个关键帧分别复制并粘贴至下一帧。

步骤⑤ 选择"得意"和"微笑"图层之间的所有图层，在第 110 帧插入空白关键帧，第 109 帧插入关键帧，并在其他图层的第 110 帧插入帧，时间轴效果如图 5-70 所示。

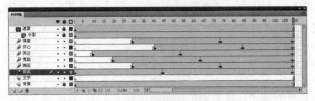

图 5-70　时间轴状态

步骤⑥ 将播放头拖至第 109 帧处，选中场景中的影片剪辑元件"微笑"，在【属性】面板中设置其【Alpha】值为"20%"。

步骤⑦ 使用同样的方法制作其他图层中表情动画逐渐消失的效果，如图 5-71 所示。

3.　**加入跳动的文字**

步骤① 将【库】中的图形元件"文字"拖入"文字"图层上，放置位置如图 5-72 所示。

图 5-71　第 109 帧处场景中的效果　　　图 5-72　将图形元件"文字"拖入场景中

提示

　　图形元件"跳跳表情"使用的字体为"方正流行体简体"，读者可以设置为自己喜欢的字体或者自行购买外部字体库。

步骤② 拖动时间轴观察文字效果，如图 5-73 所示。

第 23 帧处场景中的文字效果　　　　　第 30 帧处场景中的文字效果

图 5-73　跳动文字效果

步骤 ③ 保存测试影片，跳跳表情的动画制作完成。

小 结

补间动画分为形状补间和动作补间两类，前者可以实现对象形状的变化，后者可以实现对象动作的变化。补间动画可以实现对象由一种形态变化到另一种形态，如位置的移动、角度的改变等。

在制作补间动画时，要灵活掌握时间轴特效的应用技巧。与逐帧动画相比，补间动画应用范围更加广泛，设计工作量更小，动画效果更优良，是必须重点掌握的 Flash 动画类型。

习 题

一、简答题

1. 补间动画和传统补间动画有什么区别和联系？
2. 补间动画可以实现元件哪些方面的变化效果？
3. 补间动画的【属性】面板的【旋转】下拉列表中有哪些选项？都能实现什么样的效果？
4. 时间轴特效有几种类型？分别可以应用于哪些对象上？

二、操作题

1. 根据所学知识制作水晶文字效果（文字内容和背景可自行设定），如图 5-74 所示。

图 5-74 水晶文字效果

2. 使用时间轴特效制作一个风景影集（图片可以自行选择），如图 5-75 所示。

图 5-75 风景影集

06

项目六
制作引导层动画

引导层动画是 Flash 中一个重要的动画类型。利用前面项目介绍的方法制作动画时，可以比较容易地实现对象的直线运动；但在实际应用中，常需要制作大量的曲线运动动画，有时甚至需要让物体按照预先设定的复杂路径（轨迹）运动，这就需要引导层动画来实现。

学习目标

- ✔ 了解引导层动画的制作原理。
- ✔ 熟悉引导层的创建方法。
- ✔ 掌握使用引导层制作动画的技巧。
- ✔ 掌握使用引导层模拟生物的方法。

任务一　了解引导层动画制作原理

【知识解析】

1. 创建引导层和被引导层

在"图层 1"上单击鼠标右键，在弹出的快捷菜单中选择【引导层】或【添加传统运动引导层】命令可将其转化为引导层，如图 6-1 所示，如果要将"图层 2"转换为"被引导层"，需将"图层 2"拖到"图层 1"的下面，当引导层的图标从  变为  时，释放鼠标左键，即可将其转换为被引导层，如图 6-2 所示，其中"图层 1"是引导层，"图层 2"是被引导层。

图 6-1　两个图层的引导

图 6-2　引导层与被引导层的转换

可以将多个图层拖到引导层下方使之成为被引导层，构成多层引导，如图 6-3 所示。

由此可见，制作一个引导层动画需要至少两个图层配合作用，上面的图层是引导层，下面的图层是被引导层。

要取消"引导层"或"被引导层"，可在"引导层"或"被引导层"上单击鼠标右键，在弹出的快捷菜单中选择【属性】命令，弹出【图层属性】对话框，如图 6-4 所示，然后设置【类型】为【一般】，单击 确定 按钮即可。

图 6-3　创建引导层

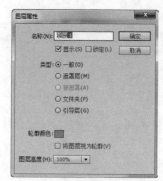

图 6-4　【图层属性】对话框

2. 引导层动画原理

引导层上的路径必须是利用【钢笔】工具、【铅笔】工具、【线条】工具、【椭圆】工具、【矩形】工具或【刷子】工具绘制的曲线。

引导层动画与逐帧动画或补间动画不同，它是通过在引导层上添加线条来作为被引导层上元件的运动轨迹，从而实现对被引导层上元素路径的约束。

图6-5所示为被引导层上小球在第1帧和第50帧的位置。图6-6所示为小球的全部运动轨迹，通过观察可以很清晰地发现引导层的引导功能。

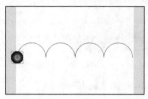
小球在第1帧的位置

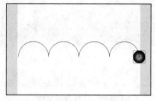
小球在第50帧的位置

图6-5 设置小球起始位置

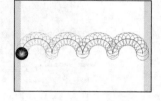
图6-6 小球的运动

提示

　　引导层上的路径在动画发布后不会显示出来，只是作为被引导元素的运动轨迹。被引导层上被引导的图形必须是元件，而且必须先创建补间动画，还需要将元件在关键帧处的"变形中心"设置到引导层的路径上，才能成功创建引导层动画。

操作一 【重点案例】——制作"街头篮球"

本案例将利用引导层动画来制作投篮效果，制作流程如图6-7所示。

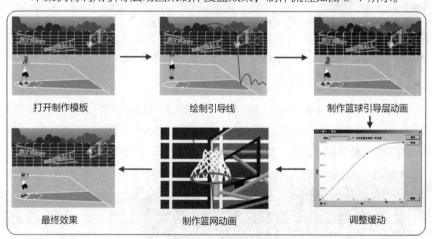

打开制作模板　　　　绘制引导线　　　　制作篮球引导层动画

最终效果　　　　制作篮网动画　　　　调整缓动

图6-7 "街头篮球"制作流程图

微课6-1：制作
"街头篮球"

【操作步骤】

1. 打开模板进行分析

步骤❶ 由于本案例介绍的重点是引导层动画，所以该动画中的场景、道具、人物、制作模板等都已给出，读者只需完成引导层动画的相关部分即可。打开素材文件"素材\项目六\制作'街头篮球'\街头篮球.fla"，效果如图6-8所示。

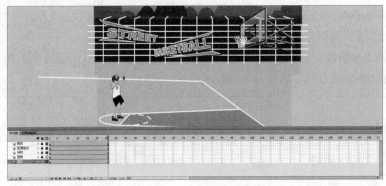

图6-8　打开素材文件

 提示

　　双击场景中的"男孩"元件进入其元件内部，观察前5帧的动画，如图6-9所示。可以发现，在第4帧时，男孩手中的篮球消失了，在第5帧时，男孩做出了一个投篮的动作，从而可以推断出引导层动画应该从第4帧开始，并且篮球的位置要根据第4帧男孩的手的位置来确定。

　第1帧　　　　第2帧　　　　第3帧　　　　第4帧　　　　第5帧

图6-9　"男孩"元件的前5帧动画

步骤② 返回主场景观察整个舞台，如图6-10所示，可以发现篮球在运动过程中要经过"男孩的手""篮圈""球网"这3个图形，所以根据视角分析，可以判定引导层应该创建在"男孩""篮圈前沿""球网"这3个元件所在图层的下面，而且在"篮板""地板""篮圈后沿"这3个元件所在图层的上面。

图6-10　图层分析

2. **制作引导层动画**

步骤① 将所有图层锁定，在"篮板"图层上新建图层并重命名为"引导层"，根据前面的分析，在时间轴的第 4 帧插入关键帧，如图 6-11 所示。

步骤② 在"引导层"的第 4 帧选择【线条】工具 ＼ 和【选择】工具 ▶，在【属性】面板中设置笔触颜色为"红色"，笔触高度为"1"，绘制出篮球运动的轨迹，如图 6-12 所示。

 提示

在绘制篮球路径曲线时，应尽量发挥想象力，将篮球的真实飞行轨迹描绘出来。

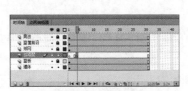

图 6-11 新建引导层

图 6-12 绘制引导线

步骤③ 在"引导层"图层下面新建图层并重命名为"篮球"层，在第 4 帧插入关键帧，然后将"篮球"元件从【库】面板中拖动到"篮球"图层上，如图 6-13 所示。

步骤④ 在"篮球"图层的第 30 帧插入关键帧，在第 4 帧～第 30 帧创建传统补间。

步骤⑤ 单击【贴近至对象】按钮 ⬚，选择【选择】工具 ▶，设置篮球在第 4 帧的位置到引导线的最左端，设置第 30 帧的位置到引导线的最右端，并确保"篮球"元件的"变形中心"在引导线上，效果如图 6-14 所示。

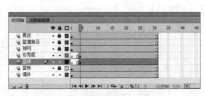

图层信息

拖入篮球

图 6-13 创建篮球图层

第 4 帧处篮球的位置

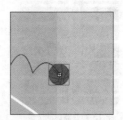

第 30 帧处篮球的位置

图 6-14 设置篮球的位置

图6-15 创建引导层动画

步骤⑥ 用鼠标右键单击"引导层"图层，在弹出的快捷菜单中选择【引导层】命令，将其转化为引导层。

步骤⑦ 将"篮球"图层拖动到"引导层"图层的下面，将其转化为被引导层，效果如图6-15所示。

> **提示**
>
> 创建引导层动画完毕后，测试影片，如果发现篮球并未按照引导层上的路径运动，则可以重点检查"篮球"元件的"变形中心"是否在引导线。

3. 完善引导层动画

步骤① 按 Ctrl+Enter 组合键预览影片，发现篮球在运动过程中十分僵硬，没有速率变化，与真实的篮球运动差别很大，需要对其进行缓动设置。

步骤② 选中"篮球"图层的第4帧，在【属性】面板中单击 ✎ 按钮，如图6-16所示，弹出【自定义缓入/缓出】对话框，将曲线调整至图6-17所示的效果。

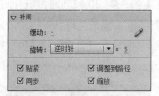

图6-16 【属性】面板

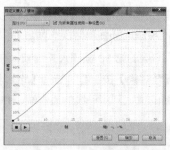

图6-17 调整篮球运动速率

步骤③ 通常情况下，篮球在被投射出去之后还会具有相对于投球人手的反转运动，所以需在【属性】面板中设置【旋转】为【逆时针】，【次】为"5"，如图6-18所示。

步骤④ 再次观看影片，可以看到篮球的运动图像真实了，但是发现篮球在穿越"球网"时，"球网"没有任何变化，这是不符合实际情况的，如图6-19所示。

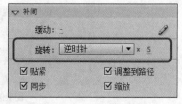

图6-18 设置旋转动画

第13帧处篮球的位置

第14帧处篮球的位置

图6-19 篮球穿越效果

步骤⑤ 通常情况下，球在穿越球网时，球网都会由于惯性和自身弹性反弹起来，所以需要在"球网"图层的第 13 帧、第 14 帧和第 15 帧插入关键帧，并调整第 14 帧处球网的形状，最后得到图 6-20 所示的效果。

第 13 帧处球网的形状　　　　　第 14 帧处球网的形状　　　　　第 15 帧处球网的形状

图 6-20　球网动态效果

步骤⑥ 保存测试影片，一个十分真实、完美的街头篮球动画制作完成。

操作二　【突破提高】——制作"蝴蝶戏花"

本案例将利用引导层动画模拟"蝴蝶戏花"的艺术特效，其制作流程如图 6-21 所示。

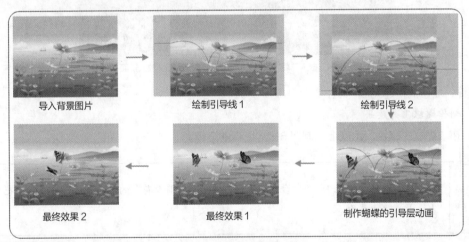

图 6-21　"蝴蝶戏花"制作流程图

【操作步骤】

1. 导入素材布置场景

步骤① 新建一个 Flash 文档，设置文档尺寸为"600 像素×450 像素"，【帧频】为"12fps"，其他文档属性保持默认设置。

步骤② 新建并重命名图层，得到图 6-22 所示的效果。

步骤③ 选择【文件】/【导入】/【打开外部库】命令，打开素材文件"素材\项目六\制作'蝴蝶戏花'\素材.fla"，将"蝴蝶 1""蝴蝶 2""前面花"和"花草"元件复制到当前【库】面板中，如图 6-23 所示。

图6-22　图层信息　　　　　　　图6-23　打开外部库

步骤④ 关闭外部库，将"花草"元件拖入"花草"图层上释放，并相对舞台居中对齐，使其刚好覆盖整个舞台，得到图6-24所示的效果，设置完成后将"花草"图层锁定。

步骤⑤ 将"前面花"元件拖入"前面花"图层上释放，其位置如图6-25所示，设置完成后，将"前面花"图层锁定。

图6-24　放入花草　　　　　　　图6-25　放入前面花

至此，场景的搭建完成。

2．制作蝴蝶飞舞效果

步骤① 在"蝴蝶1路径"图层上绘制图6-26所示的路径。

提示　　这里设计"蝴蝶1"从舞台右边飞入，然后从"前面花"的后面飞过，停在一朵花儿上，最后飞出舞台。

步骤② 将"蝴蝶1"元件拖入"蝴蝶1"图层上释放，选择【任意变形】工具，设置其"变形中心"到蝴蝶头部位置，如图6-27所示。

图6-26　绘制"蝴蝶1"路径　　　图6-27　设置"蝴蝶1"元件的"变形中心"

提示

　　该路径的重要特点是曲线的开始部分和结尾部分都是直线，而中间在场景中的部分为曲线，这样绘制的好处是能更好地控制被引导元件的旋转方向。

步骤③ 选择【选择】工具 ，将"蝴蝶1"元件移动到"蝴蝶1路径"的最右端，如图6-28所示。

步骤④ 在所有图层的第170帧插入帧，在"蝴蝶1"图层的第100帧插入关键帧，并在第100帧将"蝴蝶1"元件放置到图6-29所示的位置。

步骤⑤ 在第120帧插入关键帧，在第170帧插入关键帧，并设置"蝴蝶1"元件在第170帧的位置和大小，如图6-30所示。

图6-28 调整蝴蝶位置到最右端　　图6-29 调整蝴蝶在第100帧处的位置　　图6-30 调整蝴蝶在第170帧处的位置和大小

提示

　　此时缩小"蝴蝶1"是为了表现蝴蝶飞远的效果。

步骤⑥ "蝴蝶1"元件飞舞的几个重要位置设置完成后，在"蝴蝶1"图层的第1帧~第100帧、第120帧~第170帧创建传统补间，如图6-31所示。

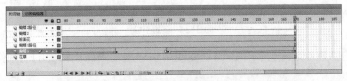

图6-31 图层效果

步骤⑦ 将"蝴蝶1路径"图层转换为引导层，将"蝴蝶1"图层转换为被引导层。测试影片，"蝴蝶1"的飞舞动画制作完成，效果如图6-32所示。

图6-32 "蝴蝶1"飞舞效果

步骤⑧ "蝴蝶2"元件的制作和"蝴蝶1"元件的制作方法完全相同，图6-33所示为"蝴蝶2"元件的飞舞路径和"蝴蝶2"元件在关键帧处的位置，由读者独立完成其制作。

蝴蝶2路径　　　　　　　第1帧　　　　第80帧和第120帧　　第170帧

图6-33　"蝴蝶2"元件的信息

步骤⑨ 保存测试影片，美丽的蝴蝶戏花效果制作完成。

任务二　制作多层引导动画

【知识解析】

将普通图层拖动到引导层或被引导层的下面，即可将普通图层转化为被引导层。在一组引导中，引导层只能有一个，而被引导层可以有多个，这就是多层引导。图6-34中的"图层1"为引导层，其余所有图层都是被引导层。

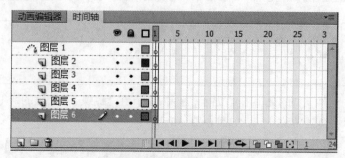

图6-34　多层引导

引导层动画的创建原理十分简单，但是要使用引导层动画做出精美的动画作品应该注意以下几点。

- 观察生活中可以用引导层动画来表达创意的事物。
- 使用引导层动画来模拟表达创意。
- 收集素材丰富作品。
- 在制作过程中不断完善自己的作品。

只要做到以上几点，就能做出精美的引导层动画。

操作一　【重点案例】——制作"树叶上的毛毛虫"

本案例将介绍如何使用引导层动画制作"毛毛虫效果"，其制作流程如图6-35所示。

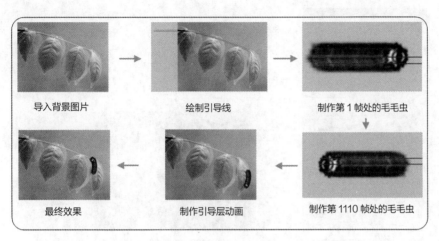

图 6-35 "树叶上的毛毛虫"制作流程图

微课 6-2：制作
"树叶上的毛毛虫"

【操作步骤】

1. 素材准备

步骤❶ 新建一个 Flash 文档，设置文档尺寸为"800 像素×600 像素"，【帧频】为"24fps"，其他文档属性保持默认设置。

步骤❷ 新建并重命名图层，得到图 6-36 所示的图层效果。

步骤❸ 选中"路径"图层，选择【文件】/【导入】/【导入到舞台】命令，将素材文件"素材\项目六\制作'树叶上的毛毛虫'\树叶.jpg"导入舞台中，设置图片的宽、高分别为"800"像素、"600"像素，并相对舞台居中对齐，舞台效果如图 6-37 所示。

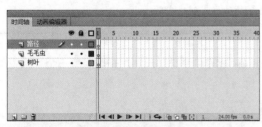

图 6-36 图层效果

图 6-37 导入树叶后的效果

步骤❹ 选择【文件】/【导入】/【打开外部库文件】命令，打开素材文件"素材\项目六\制作'树叶上的毛毛虫'\毛毛虫.fla"，将"毛身"和"毛头"元件拖入当前【库】面板中，如图 6-38 所示。

2. 制作毛毛虫效果

步骤❶ 为了后期制作方便，在制作毛毛虫效果之前，首先绘制引导线。选择"路径"图层，利用【线条】工具＼和【选择】工具▶绘制路径，如图 6-39 所示。

步骤❷ 将"路径"和"树叶"两个图层锁定，将"毛身"元件拖入"毛毛虫"图层上，设置其位置，如图 6-40 所示。

图6-38　导入毛毛虫素材　　　　　　　　　图6-39　绘制路径

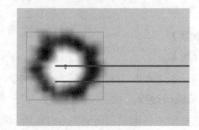

"毛身"位置　　　　　　　　　　　　　放大观察

图6-40　设置"毛身"元件的位置

提示

　　设置"毛身"元件位置时，一定要注意将元件的"变形中心"放到路径上，如图6-40所示。如果变形中心未在路径上，则引导层动画将创建失败。

步骤❸ 选择【选择】工具 ，按住 Ctrl 键复制出 15 个的"毛身"元件，并确保每一个"毛身"元件的变形中心都在路径上，效果如图 6-41 所示。

步骤❹ 将"毛头"元件拖入舞台，并设置其位置，如图 6-42 所示。

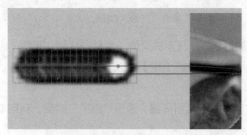

图6-41　复制出毛毛虫身体的效果　　　　　　图6-42　放置头部

3.　制作毛毛虫动画

步骤❶ 选中所有的"毛身"和"毛头"元件，在其上单击鼠标右键，在弹出的快捷菜单中选择【分散到图层】命令，将"毛身"和"毛头"元件分散到各层，如图 6-43 所示。

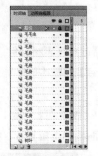

选择【分散到图层】命令　　　　　　图层信息

图 6-43　分散到图层

步骤❷ 此时因为"毛毛虫"图层已经没有任何元件，所以将该图层删除。

步骤❸ 将所有图层延长至 1 000 帧，并在所有"毛身"和"毛头"图层的第 1 000 帧插入关键帧，设置其位置如图 6-44 所示。

步骤❹ 在所有"毛身"和"毛头"图层的第 1 帧～第 1 000 帧创建传统补间，并选择【调整到路径】复选项，如图 6-45 所示。

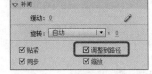

图 6-44　设置毛毛虫位置　　　　图 6-45　选择【调整到路径】复选项

步骤❺ 将"路径"图层转换为引导层，将所有"毛身"和"毛头"图层转化为被引导层。

步骤❻ 保存测试影片，一只毛毛虫从树叶上爬过的动画制作完成。

操作二　【突破提高】——制作"鱼戏荷间"

本案例将使用多层引导动画创造一幅"鱼戏荷间"的动态画面，制作流程如图 6-46 所示。

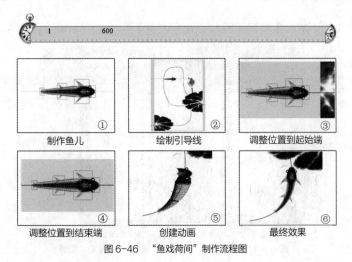

图 6-46　"鱼戏荷间"制作流程图

【操作步骤】

1. 制作鱼儿

步骤① 打开文件。

按 Ctrl+O 组合键打开素材文件"素材\项目六\制作'鱼戏荷间'\鱼戏荷间-模板.fla"。模板场景大小已设置好，【库】面板中已制作好所需的所有元素，效果如图6-47所示。

步骤② 放置元件。

① 将【库】面板中的"身"元件拖入舞台。

② 在【属性】面板中设置其 x、y 坐标分别为"100""200"，如图6-48所示。

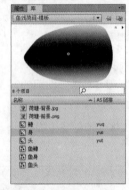

图6-47　【库】面板　　　　图6-48　设置"身"元件【属性】面板

步骤③ 复制元件。

① 选择舞台中的"身"元件。

② 按 Ctrl+C 组合键进行复制。

③ 连续17次按 Ctrl+Shift+V 组合键，在原位置粘贴出17个"身"元件。

步骤④ 将"身"元件分散到图层。

① 框选舞台上的18个"身"元件。

② 在其上单击鼠标右键，在弹出的快捷菜单中选择【分散到图层】命令，效果如图6-49所示。

步骤⑤ 为图层命名。

在时间轴上从上往下依次重命名图层为"身1""身2"……"身18"，效果如图6-50所示。

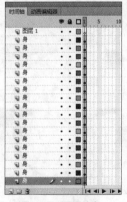
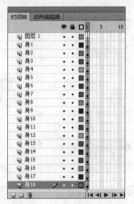

图6-49　图层信息　　　　图6-50　重命名图层

步骤 ⑥ 新建并调整图层。

效果如图 6-51 所示。

① 将"图层 1"重命名为"鳍 1"。

② 在"身 10"图层上新建图层并重命名为"鳍 2"。

③ 新建图层并重命名为"鳍 3"。

④ 将图层"鳍 3"拖到"身 18"图层下面。

步骤 ⑦ 放置元件。

① 将【库】面板中的"鳍"元件拖入"鳍 1"图层。

② 设置其 x、y 坐标分别为"100""200",如图 6-52 所示。

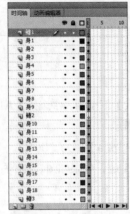

图 6-51　新建图层　　　图 6-52　设置"鳍"元件的【属性】面板

步骤 ⑧ 复制元件。

① 按 Ctrl + C 组合键复制舞台中的"鳍"元件。

② 选中"鳍 2"图层的第 1 帧。

③ 按 Ctrl + Shift + V 组合键粘贴元件。

④ 选中"鳍 3"图层的第 1 帧。

⑤ 按 Ctrl + Shift + V 组合键粘贴元件。

步骤 ⑨ 调整坐标。

① 选中"鳍 1"图层上的"鳍"元件。

② 设置其 x 坐标为"200"。

③ 选中"身 1"图层的"身"元件,设置其 x 坐标为"195"。

④ 选中"身 2"图层的"身"元件,设置其 x 坐标为"190"。

⑤ 以"5"递减设置下面图层上元件的 x 坐标,效果如图 6-53 所示。

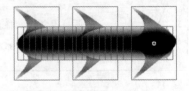

图 6-53　设置鱼躯干效果

步骤 ⑩ 调整大小。

① 选中"鳍 1"图层上的"鳍"元件。

② 在【变形】面板中设置其宽度和长度变形都为"100%"。

③ 选中"身 1"图层上的"身"元件,设置其宽度和长度变形都为"96.5%"。

④ 选中"身2"图层上的"身"元件，设置其宽度和长度变形都为"96.5%"，如图6-54左图所示。

⑤ 以"3.5"递减设置下面图层上元件的宽度和长度变形，效果如图6-54右图所示。

图6-54　设置鱼体效果

 提示

在 Flash 中输入数值时，可以直接使用算术运算，如在文本框中输入"93-3.5"，按 Enter 键将直接设置为"89.5"。

步骤⑪ 调整透明度。

① 选中"鳍2"图层上的"鳍"元件。

② 在【属性】面板【色彩效果】卷展栏中的【样式】下拉列表中选择【Alpha】。

③ 设置【Alpha】值为"95%"，如图6-55左图所示。

④ 选中"身10"图层上的"身"元件，设置其【Alpha】值为"90%"。

⑤ 以"5"递减设置下面图层上各元件的【Alpha】值，效果如图6-55右图所示。

图6-55　依次减低透明度

步骤⑫ 放置元件。

① 在"鳍1"图层上新建图层并重命名为"头"。

② 将【库】面板中的"头"元件拖到"头"图层上释放。

③ 设置其 x、y 坐标分别为"215""200"，如图6-56所示。

 提示

鱼儿制作完成，将构成鱼儿的全部元件选中，然后拉出一条标尺线，观察所有元件的"变形中心"是否都在一条直线上。如果不在，请动手调节至图6-57所示的效果。

 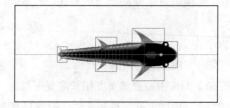

图6-56　设置"头"元件的【属性】面板　　图6-57　检查元件是否在同一直线上

2. **设置场景**

步骤① 放置背景。

① 在"鳍3"图层下面新建图层并重命名为"背景"。

② 将【库】面板中的"荷塘-背景.jpg"拖入"背景"图层上。

③ 在【属性】面板的【位置和大小】卷展栏中设置其宽、高分别为"520""740"。

④ 设置其坐标 x、y 位置都为"0",如图 6-58 所示。

步骤② 放置前景。

① 在"头"图层上面新建图层并重命名为"前景"。

② 将【库】面板中的"荷塘-前景.jpg"拖入"前景"图层上。

③ 在【属性】面板的【位置和大小】卷展栏中设置其宽、高分别为"520""740"。

④ 设置其坐标 x、y 位置都为"0",如图 6-59 所示。

图 6-58　放置背景图片

图 6-59　放置前景图片

3. **制作引导层动画**

步骤① 绘制引导路径。

① 将"前景"图层隐藏。

② 在"头"图层上新建图层并重命名为"路径"。

③ 按 Y 键选择【铅笔】工具。

④ 在舞台上绘制一条曲线作为引导路径,效果如图 6-60 所示。

图 6-60　绘制路径

提示

　　读者仔细观察可以发现，路径的起始端和结束端都为直线，而中间部分为曲线。这样设置的好处是方便控制组成鱼儿的各个元件的旋转方向。

步骤 ② 调整位置和方向。

① 将组成鱼儿的全部元件选中。

② 移动其位置到路径的起始端，并注意其"变形中心"一定要在引导线上，效果如图 6-61 所示。

图 6-61　将鱼儿放置到起始端

步骤 ③ 设置关键帧。

① 在所有图层的第 600 帧插入关键帧。

② 在第 600 帧将组成鱼儿的全部元件选中。

③ 将其放置到路径的结束端，效果如图 6-62 所示。

步骤 ④ 创建补间动画并设置引导层。

① 在组成鱼儿的所有元件所在图层的第 1 帧～第 600 帧创建传统补间动画。

② 在"路径"图层上单击鼠标右键，在弹出的快捷菜单中选择【引导层】命令，将该图层转化为引导层。

③ 将组成鱼儿的所有元件所在的图层拖至"路径"图层下面，使其成为被引导层，效果如图 6-63 所示。

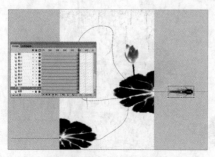

图 6-62　将鱼儿放置到结束端

图 6-63　图层效果

步骤⑤ 观察效果。

按 Enter 键观看影片，发现鱼儿元件在路径上的运动十分别扭，没有鱼儿游动的效果，如图 6-64 所示。

图 6-64　动画效果

步骤⑥ 设置补间选项。

① 选中组成鱼儿的所有元件所在图层的第 1 帧。

② 在【属性】面板的【补间】卷展栏中选择【调整到路径】复选项，如图 6-65 所示。

图 6-65　调整到路径

步骤⑦ 观看影片并保存。

① 按 Enter 键观看影片，可以看到现在鱼儿元件在路径上的运动已经比较自然生动了，效果如图 6-66 所示。

图 6-66　动画效果

② 按 Ctrl + S 组合键保存影片文件，完成动画制作。

 小　结

引导层动画是一种重要的约束动画类型，特别适用于制作对象做非直线运动的动画以及对象沿着规定路线运动的动画。这类动画如果使用补间动画或逐帧动画来制作，不仅制作复杂、工作量大，而且制作的动画动作不流畅，无论是运行节奏还是画面质量，都不好。

制作引导层动画时，一定要区分引导层和被引导层，并正确设置两者之间的关系。希望读者在模拟本项目案例的同时，能够举一反三，充分发挥自己的想象力，创作出更有趣的引导层动画作品。

引导层动画是 Flash 动画的重点，合理使用引导层动画可以很好地完成某些特定的动画效果。通过本项目的学习，读者应该掌握制作引导层动画的原理和方法，并且通过大量的实例练习，灵活应用这种动画形式。

 习　题

一、简答题

1. 引导层动画的设计原理是什么？
2. 制作引导层动画至少需要几个图层？
3. 与逐帧动画相比，引导层动画适用范围是什么？

二、操作题

1. 制作图 6-67 所示的沿路径不断跳动的小球动画。

图 6-67　跳动的小球动画效果

2. 总结案例"街头篮球"的制作思路，完成"发射炮弹"的效果制作，如图 6-68 所示。

图 6-68　发射炮弹的效果

3. 制作秋天黄叶被风吹落的动画，如图 6-69 所示。

图 6-69　秋天黄叶被风吹落的动画效果

项目七
制作遮罩层动画

遮罩（MASK）也称为蒙版，其技术实现至少需要两个图层相互配合，即透过上一图层的图形显示下面图层的内容。遮罩动画已成为 Flash 动画中的重要组成部分，这种技术实现形式较为特殊，特别是在实现一些特殊动画效果上有很好的作用，为众多 Flash 开发人员所青睐。

学习目标

- ✔ 了解遮罩层动画的制作原理。
- ✔ 明确多层遮罩动画的制作原理。
- ✔ 掌握利用遮罩层动画制作流水效果的方法。
- ✔ 了解利用遮罩层动画表达艺术创意的方法。

任务一　了解遮罩层动画制作原理

【知识解析】

1. 创建遮罩层

一个遮罩效果的实现至少需要两个图层，上面的图层是遮罩层，下面的图层是被遮罩层。如图 7-1 所示，其中"图层 1"是被遮罩层，"图层 2"是遮罩层。

要创建遮罩层，可以在选定的图层上单击鼠标右键，在弹出的快捷菜单中选择【遮罩层】命令，如图 7-2 所示。

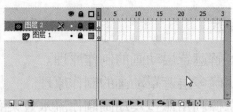

图 7-1　创建遮罩层　　　　　　　图 7-2　两个图层的遮罩

2. 遮罩原理

与普通层不同，在具有遮罩层的图层中，只有透过遮罩层上的形状，才可以看到被遮罩层上的内容。

例如，在"图层 2"上放置一幅背景图，在"图层 1"上绘制一朵花。在没有创建遮罩层之前，花朵遮挡了与背景图重叠的区域，如图 7-3 所示。

将"图层 1"转换为遮罩层之后，可以透过遮罩层（图层 1）上的花瓣看到被遮罩层（图层 2）中与背景图片重叠的区域，如图 7-4 所示。

图 7-3　遮罩前的效果　　　　　　　图 7-4　遮罩后的效果

遮罩这一特殊的技术实现形式在制作需要显示特定图形区域的动画时有重要的作用。本项目后续将要学习的倒影效果、瀑布效果等都是遮罩的经典应用。

> 遮罩层中的对象必须是色块、文字、符号、影片剪辑元件（MovieClip）、按钮或群组对象，而被遮层中的对象不受限制。

操作一 【基础练习】——制作"水中倒影效果"

利用遮罩原理可以创建很多动画效果，如波光粼粼的水面、水中的倒影、流动的小溪等。本案例使用遮罩原理制作物体在水中的倒影"随波荡漾"的动态效果，根据设计需要可以更换倒影的颜色，最终效果如图 7-5 所示。

图 7-5 制作"水中倒影效果"

微课 7-1: 制作
"水中倒影效果"

【操作步骤】

1. 创建背景

步骤❶ 新建一个 Flash 文档，设置文档尺寸为"779 像素×272 像素"，背景颜色为"蓝色"，【帧频】为"20fps"，其他属性保持默认设置。

步骤❷ 将 "图层 1"重命名为"背景"。

步骤❸ 选择【文件】/【导入】/【导入到舞台】命令，导入"素材\项目七\制作'水中倒影效果'\背景图.jpg"图片，使其居中到舞台。

2. 创建文字

步骤❶ 在"背景"图层上面新建一个名为"文字"的图层。

步骤❷ 选中"文字"图层的第 1 帧，选择【文本】工具 T，在舞台中输入文字"水中倒影效果"，设置文字属性如图 7-6 所示，文字颜色为"绿色"。

步骤❸ 适当调整文字的放置位置，如图 7-7 所示。

图 7-6 设置文本属性

图 7-7 创建文字后的效果

3. 制作倒影

步骤① 在"文字"图层上新建一个名为"倒影"的图层。

步骤② 选中"文字"图层中的文字，复制文字，然后选中"倒影"图层的第 1 帧粘贴文字。

步骤③ 选中"倒影"图层中的文字，将其颜色更改为"白色"，然后将其垂直向下移动一定距离，单击【属性】面板左侧的 ▣（变形）按钮将文字垂直翻转 180 度，效果如图 7-8 所示。

图 7-8　倒影效果

4. 绘制矩形

步骤① 选中"倒影"图层中的文字，按 F8 键将其转换为名为"波纹"的影片剪辑元件。

步骤② 双击"波纹"元件，进入元件编辑环境。

步骤③ 在"图层 1"图层上面新建一个名为"动态波纹"的图层。

步骤④ 选中"动态波纹"图层的第 1 帧，选择【矩形】工具 ▢，设置笔触颜色为"无"、填充颜色为"绿色"，在舞台中绘制一个"10 像素×100 像素"的矩形，调整矩形使其顺时针旋转 40 度，效果如图 7-9 所示。

步骤⑤ 选中"动态波纹"图层中的矩形，按 F8 键将其转换为名为"水波"的图形元件。

步骤⑥ 双击"水波"元件进行编辑，复制矩形，效果如图 7-10 所示，然后退出"水波"元件的编辑。

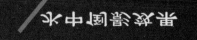

图 7-9　矩形效果　　　　　　　　　　　　　　　　图 7-10　复制矩形效果

5. 创建遮罩层

步骤① 双击【库】面板中的"波纹"影片剪辑元件进行编辑。

步骤② 选中"图层 1"图层的第 30 帧，按 F5 键插入一个帧。

步骤③ 选中"动态波纹"图层的第 30 帧，按 F6 键插入一个关键帧。

步骤④ 选中"动态波纹"图层第 1 帧的"水波"元件，适当左移调整其位置，如图 7-11 所示；在第 30 帧适当右移调整元件的位置，如图 7-12 所示。

图 7-11　第 1 帧效果　　　　　　　　　　　　　　图 7-12　第 30 帧效果

步骤⑤ 在"动态波纹"图层的第 1 帧～第 30 帧创建传统补间。

步骤⑥ 在"动态波纹"图层上单击鼠标右键，在弹出的快捷菜单中选择【遮罩层】命令，将其转换为遮罩层。

6. 完成动画制作

步骤① 在"动态波纹"图层上新建一个名为"文字层"的图层。

步骤② 选中"图层1"图层的第1帧，复制该帧；选中"文字层"图层的第1帧，粘贴前面复制的帧。

步骤③ 选中"文字层"第1帧的文字，向左移动1像素（选中舞台中的文字后，按一下键盘上的 ← 方向键，可以向左移动1像素），此时的时间轴状态如图7-13所示。

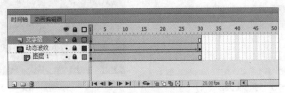

图7-13 时间轴状态

步骤④ 退出"波纹"元件的编辑，返回主场景。

7. 预览动画

至此，本例的全部动画制作完成，按 Ctrl + S 组合键保存文档，按 Ctrl + Enter 组合键浏览动画效果。

实现遮罩效果的关键在于区分遮罩层和被遮罩层的关系。弄不清这个关系，头脑中就不会有这方面的想象。本例中主要是对倒影文字实施遮罩，其中被遮罩的对象是一组做水平移动的均匀相间线条，并把遮罩的倒影文字作为一个影片剪辑放于正常文字下面。读者要注意的是，线条在遮罩层上是不起作用的，但可以用在被遮罩层上。

操作二 【重点案例】——制作"瀑布效果"

本案例将制作瀑布流动的动画，将流水和美丽的景色有机结合起来，创建和谐自然的场景，最后完成的效果如图7-14所示。

遮罩动画的原理就是透过遮罩层物体的形状看到被遮罩层物体的内容，因此要使图片中静止的瀑布"动起来"，而其他区域的景色保持不变，应该分两步来处理。

（1）分离瀑布流水。

（2）给流水添加遮罩效果。

图7-14 制作"瀑布效果"

【操作步骤】

1. 新建文件

新建一个Flash文档，设置文档尺寸为"550像素×380像素"，【帧频】为"12fps"，其他属性保持默认设置。

2. 制作"瀑布"元件

步骤① 新建一个名为"瀑布"的影片剪辑元件，进入元件编辑状态。

步骤② 将"图层1"重命名为"背景"，并在其上新建两个图层，从上到下分别重命名为"遮罩""被遮罩"，完成后的时间轴状态如图 7-15 所示。

步骤③ 选中"背景"图层，选择【文件】/【导入】/【导入到舞台】命令，导入素材文件"素材\项目七\制作'瀑布效果'\瀑布图片.jpg"，适当调整其尺寸和位置，如图 7-16 所示。

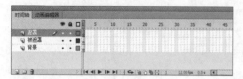

图 7-15　时间轴状态　　　　　　　　　　　图 7-16　导入的图片

步骤④ 选中"背景"图层的第 1 帧，复制该帧；选中"被遮罩"图层的第 1 帧，粘贴前面复制的帧。

步骤⑤ 选中"被遮罩"图层第 1 帧舞台中的图片，选择【修改】/【分离】命令，将图片分离。

> 分离图片是为了方便抠图，因为动画效果只需要瀑布中流水的部分，所以在"被遮罩"层只有瀑布流水被遮罩，其他部分要去掉。另外，绘制遮罩线条时，不能使用铅笔工具来绘制，否则会出错。

步骤⑥ 选择【套索】工具，逐步勾勒出图形中的瀑布流水部分。

步骤⑦ 复制勾勒出的瀑布流水部分，然后删除该层上的图片，留下的便是瀑布的流水部分，如图 7-17 和图 7-18 所示。

图 7-17　去除瀑布以外的区域　　　　　　　图 7-18　剩下的瀑布区域

3. 制作"遮罩"元件

步骤① 新建名为"遮罩"的影片剪辑元件，双击该元件进行编辑。

步骤② 在"遮罩"元件的编辑模式下，选择【矩形】工具，设置笔触颜色为"无"，填充颜色为"黑色"，在舞台中绘制一个"550 像素×62 像素"的矩形，然后复制成一组均匀的水平矩形，如图 7-19 所示。

步骤③ 双击【库】面板中的"瀑布"影片剪辑元件，进入"瀑布"元件的编辑状态，此时的【库】面板如图 7-20 所示。

4. 制作"瀑布"动画

步骤① 在"瀑布"元件的编辑状态下，选择"遮罩层"图层，然后将【库】面板中的"遮罩"影片剪辑元件拖入舞台，并倾斜一定的角度，此时场景如图 7-21 所示。

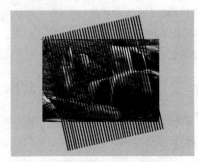

图 7-19 遮罩层的遮罩线条　　　图 7-20 【库】面板　　　图 7-21 倾斜后的图形

 提示

在制作动画的过程中要养成经常保存文档的习惯，一般每完成一部分操作就要保存一次，以免因失误造成不必要的重复性劳动。保存文档的快捷键是 Ctrl+S。

步骤② 在"背景"图层的第 10 帧按 F5 键插入一个帧。

步骤③ 在"遮罩"图层的第 10 帧按 F6 键插入一个关键帧。

步骤④ 在"被遮罩"层的第 10 帧按 F5 键插入一个帧，此时时间轴状态如图 7-22 所示。

步骤⑤ 选中"遮罩"图层的第 10 帧，选中舞台中的"遮罩"影片剪辑元件，将其水平向右移动一定的距离，如图 7-23 所示。

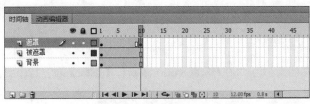

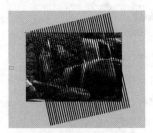

图 7-22 时间轴状态（1）　　　　　　图 7-23 移动元件后的效果

步骤⑥ 在"遮罩"图层的第 1 帧～第 10 帧创建补间动画。

步骤⑦ 选中"遮罩"图层，将其转换为遮罩层，此时的时间轴状态如图 7-24 所示。

步骤⑧ 退出元件编辑状态，返回主场景。

步骤⑨ 选择"图层 1"，将【库】面板中的"瀑布"影片剪辑元件拖入舞台中，并使其居中到舞台，此时的时间轴状态如图 7-25 所示。

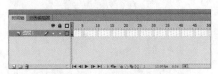

图 7-24 时间轴状态（2）　　　　　　图 7-25 时间轴状态（3）

5. 预览动画

至此，本例的全部动画制作完成，按 Ctrl+S 组合键保存文档，按 Ctrl+Enter 组合键浏览动画效果。

这种遮罩形成的水波效果在平面设计和动画设计中都有广泛的应用，往往能够以假乱真。本例中是选取图片上的某个区域并在这个区域上制作出遮罩效果。在选取图片的过程中，抠图的操作很重要，直接影响最终效果。同时还应注意到，线条可以用在被遮罩层上。

操作三 【突破提高】——制作"仙境小溪"

本案例通过有一定间隙的阵列矩形遮罩来显示小溪的部分图形，通过动静结合的方式模拟流水效果，再导入配合场景的素材，制作梦幻的仙境小溪效果，制作流程如图 7-26 所示。

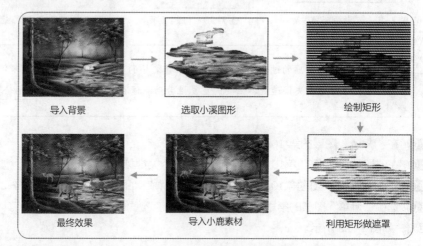

导入背景　　　　　　选取小溪图形　　　　　　绘制矩形

最终效果　　　　　　导入小鹿素材　　　　　　利用矩形做遮罩

微课 7-2：制作
"仙境小溪"

图 7-26 "仙境小溪"制作流程图

【操作步骤】

1. 导入背景图

步骤① 新建一个 Flash 文档，设置文档大小为"800 像素×600 像素"，【帧频】为"12fps"，其他属性保持默认设置。

步骤② 新建图层并重命名，得到图 7-27 所示的图层效果。

步骤③ 选中"背景图"图层，选择【文件】/【导入】/【导入到舞台】命令，将素材文件"素材\项目七\制作'仙境小溪'\小溪.bmp"导入舞台中，确认图片位置的 x、y 坐标都为"0"，使其刚好覆盖整个舞台，效果如图 7-28 所示。

图 7-27 图层效果

图 7-28 导入背景图片

2. 制作动态小溪

步骤① 按 Ctrl+C 组合键复制"背景图"图层上的图片，将"背景图"图层隐藏。选中"小溪"图层，按 Ctrl+Shift+V 组合键将图片粘贴到"小溪"图层上。

步骤② 按 Ctrl+B 组合键将图片打散，利用【套索】工具 将小溪部分选择出来，删除多余部分，得到图 7-29 所示的流水部分。

> **提示**
>
> 可以先使用【套索】工具 选出小溪的大致形状，再配合使用【橡皮擦】工具 将多余部分删除，从而达到比较精细的效果。

步骤③ 按 F8 键将小溪图形转化为"小溪"影片剪辑元件，如图 7-30 所示。

图 7-29 新建元件

图 7-30 新建元件

步骤④ 单击 确定 按钮创建元件，然后双击"小溪"元件进入元件内部进行编辑。

步骤⑤ 选中"小溪"图形，设置"小溪"图形位置的 x、y 坐标分别为"0""2"。

> **提示**
>
> 思考这里为什么要将"小溪"图形向舞台下方移动 2 像素。

步骤⑥ 将默认的图层名称"图层 1"重命名为"图片"，并锁定"图片"图层，新建一个图层并重命名为"遮罩"，如图 7-31 所示。

步骤⑦ 选择【矩形】工具 ，在"遮罩"图层上绘制一个长、宽分别为"500""7"的矩形，再复制出若干矩形得到图 7-32 所示的效果。选中绘制的所有矩形，将其转化为影片剪辑元件，并命名为"遮罩"。

步骤⑧ 在"图片"图层的第 30 帧插入帧，在"遮罩"图层的第 30 帧插入关键帧，并设置"遮罩"元件在第 1 帧位置的 x、y 坐标分别为"-50.0"和"-55.0"，第 30 帧位置的 x、y 坐标分别为"-50.0"和"-25.0"，效果如图 7-33 所示。

图 7-31 新建图层

图 7-32 制作遮罩元素

第1帧处效果

第30帧处效果

图7-33 设置"遮罩"图层

步骤⑨ 在"遮罩"图层的第1帧～第30帧创建传统补间动画，将"遮罩"图层转化为遮罩层，如图7-34所示。

至此流水特效制作完成，保存测试影片，得到如图7-35所示的效果。观看影片后发现，整个场景没有其他动物活动，显得比较单调，还需要继续添加其他动画元素。

图7-34 制作遮罩动画

图7-35 水流效果

图7-36 主场景图层

3. 导入鹿群

步骤① 返回主场景，设置图层效果如图7-36所示。

步骤② 选择【文件】/【导入】/【打开外部库】命令，打开素材文件"素材\项目七\制作'仙境小溪'\小鹿素材.fla"，如图7-37所示，将其中的"鹿群"元件拖入"鹿群"图层上释放，并设置其位置，效果如图7-38所示。

图7-37 打开素材文件

图7-38 导入鹿群元件

步骤③ 选择【文件】/【导入】/【导入到库】命令，将素材文件"素材\项目七\制作'仙境小溪'\潺潺水声.wav"导入当前【库】面板中。

步骤④ 选中"小溪"图层的第1帧,在【属性】面板中进行相应设置,如图7-39所示,将水声加入动画中。

步骤⑤ 保存测试影片,完成动画的制作。

图7-39 "声音"的【属性】面板

任务二　制作多层遮罩动画

【知识解析】

将普通图层拖曳到遮罩层或被遮罩层的下面,即可将普通图层转化为被遮罩层。在一组遮罩中,遮罩层只能有一个,而被遮罩层可以有多个,即多层遮罩。例如,图7-40中的"图层1"为遮罩层,其余的所有图层都是被遮罩层。

多层遮罩的创建原理十分简单,但是要利用多层遮罩做出精美的动画作品应该注意以下几点。

- 从现实生活中寻找创作灵感。
- 使用遮罩层动画来模拟表达创意。
- 多种动画技术结合使用。
- 在制作过程中不断完善自己的作品。

图7-40 多层遮罩

操作一　【基础练习】——制作"电子影集切换效果"

电子相册现在非常流行,使用Flash来制作电子相册是一件有趣的事情。本案例将使用遮罩动画来实现影集切换效果,制作流程如图7-41所示。

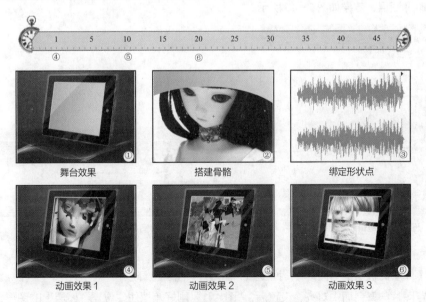

图7-41 "电子影集切换效果"制作流程图

【操作步骤】

1. 打开制作模板

微课 7-3：制作"电子影集切换效果"

步骤❶ 按 Ctrl+O 组合键，打开素材文件"素材\项目七\制作'电子影集切换效果'\影集切换效果-模板.fla"。模板主场景已为案例制作布置好舞台。【库】面板中已有案例所需素材，效果如图 7-42 所示。

步骤❷ 取消锁定"相册效果"图层，如图 7-43 所示。

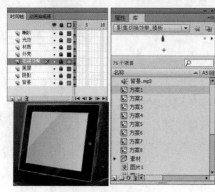

图 7-42 打开制作模板

图 7-43 取消锁定"相册效果"图层

2. 编辑"相册效果"元件

步骤❶ 双击舞台上的"相册效果"元件，对元件进行编辑，如图 7-44 所示，其中"位置"图层上的图形可以方便用户匹配显示位置。

步骤❷ 图层操作。

① 在"位置"图层的第 1 200 帧插入帧。

② 新建两个图层。

③ 重命名图层，效果如图 7-45 所示。

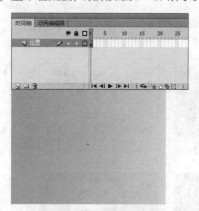

图 7-44 编辑"相册效果"元件

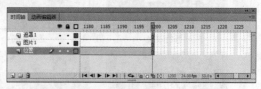

图 7-45 图层操作

步骤❸ 放置"图片 1"。

① 将【库】面板中的"图片 1"拖曳到"图片 1"图层上释放。

② 设置图片与舞台居中对齐，设置后，"图片 1"刚好遮挡住"位置"图层上的图形，效果如图 7-46 所示。

图 7-46 放置"图片 1"

步骤④ 放置"方案 1"元件。

① 将【库】面板中的"方案 1"元件拖曳到"遮罩 1"图层上。

② 在【属性】面板中设置类型为【图形】。

③ 在【循环】卷展栏中设置【选项】为【循环】。

④ 拖动时间滑块，观察舞台上"方案 1"元件的变化，到"方案 1"元件第一次循环结束处停止拖动（"方案 1"第一次循环结束在第 31 帧）。

⑤ 在第 31 帧调整舞台上"方案 1"元件的位置，使其完全覆盖"位置"图层上的图形，效果如图 7-47 所示。

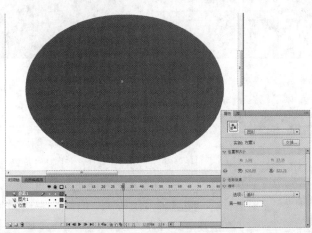

图 7-47 放置"方案 1"元件

步骤⑤ 设置"方案 1"元件属性。

① 在【属性】面板中设置元件类型为【影片剪辑】。

② 在"遮罩 1"图层的第 31 帧插入空白关键帧，效果如图 7-48 所示。

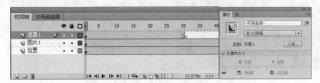

图 7-48 设置"方案 1"元件属性

提示

　　此处的操作有效地应用了"图形"元件和"影片剪辑"元件受时间轴控制具有不同效果的特性。首先利用"图形"元件具有跟随时间轴播放的特性来确定"方案1"第一次循环结束的位置，而后将"图形"元件转化为"影片剪辑"元件是为了保证遮罩动画的正确性。读者可以尝试将场景中的"方案"元件设置为"图形"元件后，测试观察最终效果有何变化。

步骤⑥ 创建遮罩层动画。

① 在"遮罩1"图层上单击鼠标右键。

② 在弹出的快捷菜单中选择【遮罩层】命令，创建遮罩层动画。

③ 按 Ctrl + Enter 组合键测试播放影片即可预览效果，如图7-49所示。

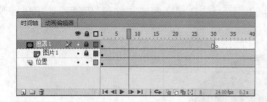

图7-49　创建遮罩层动画

图7-50　新建图层

步骤⑦ 新建图层。

① 在"遮罩1"图层之上新建两个图层。

② 分别重命名图层为"图片2"和"遮罩2"。

③ 分别在"图片2"和"遮罩2"图层的第131帧插入空白关键帧，效果如图7-50所示。

步骤⑧ 使用与制作"图片1"遮罩相同的方法，从第131帧开始为"图片2"制作遮罩动画，图层及效果如图7-51所示。

图7-51　为"图片2"制作遮罩动画

步骤⑨ 使用制作"图片1"和"图片2"的方法制作剩余图片的切换效果。注意每个图片和前一个图片的切换间隔为100帧。

步骤⑩ 添加背景音乐。

① 选中"位置"图层的第1帧。

② 在【属性】面板的【声音】卷展栏中设置【名称】为"背景.mp3"。

③ 设置【同步】为【开始】，效果如图7-52所示。

步骤⑪ 按 Ctrl + S 组合键保存影片文件，完成动画的制作。

图7-52 添加背景音乐

操作二 【重点案例】——制作"星球旋转效果"

使用多层遮罩层动画还可以制作出超炫的三维球体旋转效果，本案例将制作一个模拟地球旋转的动画，制作流程如图7-53所示。

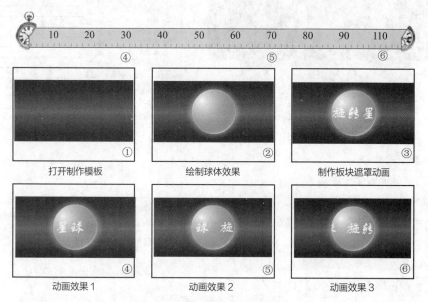

图7-53 "星球旋转效果"制作流程图

【操作步骤】

1. 打开制作模板

如图7-54所示，按 Ctrl + O 组合键打开素材文件"素材\项目七\制作'星球旋转效果'\星球旋转效果-模板.fla"，模板主场景中已为案例制作布置好背景。

2. 绘制素材

步骤① 图层操作。

① 在所有图层的第125帧插入帧。

② 在"繁星"图层之上创建新图层。

③ 重命名图层为"球体效果"。

④ 锁定除"球体效果"以外的所有图层。

⑤ 单击"球体效果"图层的任意一帧，效果如图7-55所示。

步骤② 绘制球体。

① 按 O 键选择【椭圆】工具。

② 在【颜色】面板中设置颜色类型为"径向渐变"。

③ 在【颜色】面板中设置色块颜色为左侧白色（FFFFFF），右侧蓝色（00FFFF）。

④ 按住 Shift 键绘制一个圆形。

⑤ 在【属性】面板中设置圆形的大小和位置。

⑥ 按 F 键选择【渐变变形】工具。

⑦ 调整圆的渐变变形，使其具有球体效果，如图7-56所示。

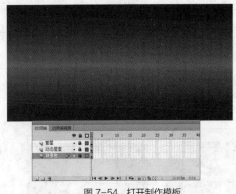

图7-54　打开制作模板

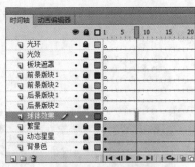

图7-55　图层操作（1）

步骤③ 图层操作。

① 锁定"球体效果"图层。

② 取消锁定"光效"图层。

③ 选中"球体效果"图层的任意一帧，复制该帧。

④ 选中"光效"图层的第1帧，粘贴前面复制的帧，效果如图7-57所示。

步骤④ 调整光效。

① 按 F 键选择【渐变变形】工具。

② 选中"光效"图层上的圆形。

③ 在【颜色】面板中设置色块颜色为左侧白色（FFFFFF），右侧蓝色（00FFFF）。

④ 调整渐变变形形状，使其符合球体的反光效果，如图7-58所示。

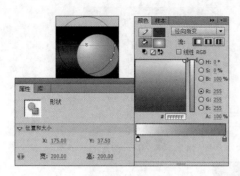

图 7-56　绘制球体　　　　　　　　　　图 7-57　图层操作（2）

步骤 ⑤ 图层操作。

① 取消锁定"光环"图层。

② 选中"光效"图层的任意一帧，复制该帧。

③ 选中"光环"图层的第 1 帧，粘贴前面复制的帧。

④ 锁定"光效"图层，效果如图 7-59 所示。

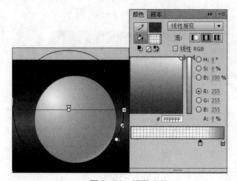

图 7-58　调整光效　　　　　　　　　　图 7-59　图层操作（3）

步骤 ⑥ 调整光环圆的大小。

① 按 Q 键选择【任意变形】工具。

② 按住 Shift + Alt 组合键，使用鼠标拖曳图形，效果如图 7-60 所示。

步骤 ⑦ 调整光环效果。

① 按 F 键选择【渐变变形】工具。

② 选中"光环"图层上的圆形。

③ 在【颜色】面板中设置色块颜色和位置。

④ 调整渐变变形形状，使其符合球体的发光效果，如图 7-61 所示。

3. 制作球体旋转效果

步骤 ① 图层操作。

① 锁定"光环"图层。

② 取消锁定"板块遮罩"图层。

③ 选中"光效"图层的任意一帧，复制该帧。

④ 选中"板块遮罩"图层的第 1 帧，粘贴前面复制的帧，效果如图 7-62 所示。

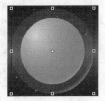

图 7-60　调整光环圆的大小

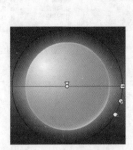

图 7-61　调整光环效果

步骤② 锁定"板块遮罩"图层，取消锁定"前景板块 1"，如图 7-63 所示。

图 7-62　图层操作（4）　　　　图 7-63　图层操作（5）

步骤③ 制作"前景板块 1"动画。

① 将【库】面板中的"地球板块"元件拖曳到"前景板块 1"图层上释放。

② 在【属性】面板中设置"地球板块"元件的位置。

③ 在"前景板块 1"图层的第 125 帧插入关键帧。

④ 在第 125 帧设置"地球板块"元件的位置。

⑤ 在第 1 帧～第 125 帧创建传统补间动画，如图 7-64 所示。

图 7-64　制作"前景板块 1"动画

步骤④ 图层操作。

① 锁定"前景板块 1"图层。

② 取消锁定"前景板块 2"图层。

③ 在"前景板块 2"的第 50 帧插入关键帧,效果如图 7-65 所示。

图 7-65　图层操作(6)

步骤⑤ 制作"前景板块 2"动画。

① 在"前景板块 2"图层的第 50 帧,将"地球板块"元件从【库】面板中拖入舞台中。

② 在【属性】面板中设置"地球板块"元件的位置。

③ 在"前景板块 2"图层的第 125 帧插入关键帧。

④ 在第 125 帧设置"地球板块"元件的位置。

⑤ 在第 50 帧～第 125 帧创建传统补间动画,效果如图 7-66 所示。

图 7-66　制作"前景板块 2"动画

图 7-67　图层操作(7)

步骤⑥ 锁定"前景板块 2",取消锁定"后景板块 1",如图 7-67 所示。

步骤⑦ 制作"后景板块 1"动画。

① 将【库】面板中的"地球板块"元件拖曳到"后景板块 1"图层上释放。

② 确认"地球板块"元件被选中,选择【修改】/【变形】/【水平翻转】命令,将"地球板块"元件翻转。

③ 在【属性】面板中设置"地球板块"元件的位置和色彩效果。

④ 在"后景板块 1"图层的第 125 帧插入关键帧。

⑤ 在第 125 帧设置"地球板块"元件的位置。

⑥ 在第 1 帧～第 125 帧创建传统补间动画,效果如图 7-68 所示。

步骤⑧ 锁定"后景板块 1",取消锁定"后景板块 2",如图 7-69 所示。

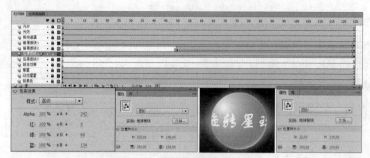

图 7-68　制作"后景板块1"动画

步骤⑨ 制作"后景板块2"动画。

① 选中"后景板块1"图层的第125帧，复制该帧。

② 选中"后景板块2"图层的第15帧，粘贴前面复制的帧。

③ 在【属性】面板中设置"地球板块"元件的位置。

④ 在"后景板块2"图层的第125帧插入关键帧。

⑤ 在第125帧设置"地球板块"元件的位置。

⑥ 在第15帧～第125帧创建传统补间动画，效果如图7-70所示。

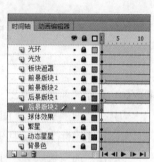

图 7-69　图层操作（8）

图 7-70　制作"后景板块2"动画

步骤⑩ 创建遮罩层动画。

① 在"板块遮罩"图层上单击鼠标右键。

② 在弹出的快捷菜单中选择【遮罩层】命令，创建遮罩层动画。

③ 使用拖动方式将"前景板块2""后景板块1""后景板块2"图层转换为其被遮罩层。

④ 按 Ctrl + Enter 组合键测试播放影片，效果如图7-71所示。

图 7-71　创建遮罩层动画

步骤⑪ 按 Ctrl+S 组合键保存影片文件，完成动画的制作。

操作三　【突破提高】——制作"梦幻卷轴展开效果"

　　操作二的案例介绍了如何利用遮罩来实现旋转效果，本案例将进一步利用这一方法来制作卷轴展开的效果，制作流程如图 7-72 所示。

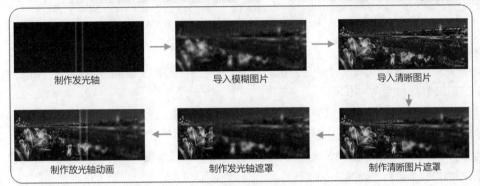

制作发光轴　　　　　　导入模糊图片　　　　　　导入清晰图片

制作放光轴动画　　　　制作发光轴遮罩　　　　　制作清晰图片遮罩

图 7-72　"梦幻卷轴展开效果"制作流程图　　　　　　　　微课 7-4：制作
"梦幻卷轴展开效果"

【操作步骤】

1. 制作发光轴

步骤① 新建一个 Flash 文档，设置文档尺寸为"650 像素×250 像素"，【帧频】为"30fps"，舞台颜色为"黑色"，其他属性保持默认设置。

步骤② 新建一个影片剪辑元件，并命名为"发光轴"，单击 确定 按钮，进入"发光轴"元件内部进行编辑。

步骤③ 选择【矩形】工具▢，绘制一个矩形，设置其宽、高分别为"40""250"，位置 x、y 坐标均为"0"；在【颜色】面板中设置其笔触颜色为"无"，填充颜色为【线性渐变】。从左至右设置第 1 个色块为"白色"且【Alpha】值为"50%"，第 2 个色块为"白色"且【Alpha】值为"0%"，第 3 个色块为"白色"且【Alpha】值为"0%"，第 4 个色块为"白色"且【Alpha】值为"50%"，如图 7-73 所示。

　　至此，发光轴效果制作完成，返回主场景。

图 7-73　绘制发光轴

2. 导入图片素材

步骤① 将主场景中的"图层 1"重命名为"模糊图片"。

步骤② 选中"模糊图片"图层的第 1 帧，选择【文件】/【导入】/【导入到舞台】命令，将素材文件"素材\项目七\制作'梦幻卷轴展开效果'\模糊图片.jpg"导入舞台中，效果如图 7-74 所示，此时图片刚好覆盖整个舞台。

步骤③ 在"模糊图片"图层的第 190 帧插入帧。

步骤④ 在"模糊图片"图层上新建一个图层，并重命名为"清晰图片 1"，选中该图层的第 1 帧，选择【文件】/【导入】/【导入到舞台】命令，将素材文件"素材\项目七\制作'梦幻卷轴展开效果'\

清晰图片.jpg"导入舞台中，效果如图 7-75 所示，此时图片刚好覆盖整个舞台。

图 7-74　导入模糊图片　　　　　　　　图 7-75　导入清晰图片

3. 制作遮罩动画 1

步骤① 在"清晰图片 1"图层上新建一个图层并重命名为"清晰图片遮罩"，再将"模糊图片"和"清晰图片 1"两个图层锁定，如图 7-76 所示。

步骤② 在"清晰图片遮罩"图层上利用【矩形】工具□绘制一个矩形，设置其笔触颜色为"无"，填充颜色为"蓝色"，尺寸为"1 像素×250 像素"，位置 x、y 坐标都为"0"。

步骤③ 在"清晰图片遮罩"图层的第 150 帧插入关键帧，将矩形的尺寸设置为"650 像素×250 像素"，使图片刚好覆盖整个舞台，如图 7-77 所示。

图 7-76　新建图层　　　　　　　　图 7-77　修改矩形形状

步骤④ 在"清晰图片遮罩"图层的第 1 帧~第 150 帧创建补间形状动画，然后将"清晰图片遮罩"图层转化为遮罩层，效果如图 7-78 所示。

步骤⑤ 单击"清晰图片遮罩"图层第 1 帧~第 150 帧的任意一帧，在【属性】面板中设置【缓动】为"50"，如图 7-79 所示。

图 7-78　遮罩效果　　　　　　　　图 7-79　设置缓动参数

4. 制作遮罩效果 2

步骤① 在"清晰图片遮罩"图层上新建一个图层并重命名为"清晰图片 2"，将"清晰图片.jpg"拖入该图层上，并设置其位置 x、y 坐标都为"0"，然后选择【修改】/【变形】/【水平翻转】命令将图片翻转，效果如图 7-80 所示。

步骤② 选中"清晰图片 2"图层上的"清晰图片.jpg"，按 F8 键将图片转换为影片剪辑元件，并命名为"清晰图片"。

步骤③ 设置"清晰图片"元件在第 1 帧的位置 x、y 坐标分别为"-610""0"，在"清晰图片 2"图层的第 150 帧插入关键帧，并设置该帧中"清晰图片"元件的位置 x、y 坐标分别为"650""0"。在第 1 帧～第 150 帧创建传统补间动画，并设置缓动为"50"。

步骤④ 在"清晰图片 2"图层上新建图层并重命名为"轴遮罩"，将"发光轴"元件拖入该图层上，设置其位置 x、y 坐标都为"0"，效果如图 7-81 所示。

图 7-80　舞台效果

图 7-81　轴在第 1 帧的位置

步骤⑤ 在"轴遮罩"层的第 150 帧插入关键帧，并设置该帧处"发光轴"元件的位置坐标 x、y 分别为"610""0"，如图 7-82 所示。在第 1 帧～150 帧创建传统补间动画，并设置缓动为"50"。

步骤⑥ 在"轴遮罩"图层上新建图层并重命名为"发光轴"，将"轴遮罩"图层上的所有帧复制到"发光轴"图层上。

步骤⑦ 将"轴遮罩"图层转化为遮罩层，此时的图层效果如图 7-83 所示。

图 7-82　轴在第 150 帧处的位置

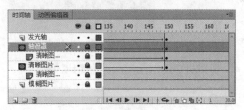

图 7-83　最终图层效果

步骤⑧ 保存测试影片，完成梦幻卷轴展开动画的制作。

小　结

　　遮罩是 Flash 中的重要工具，其功能强大，使用方法却很简单，许多优秀的 Flash 作品都有其身影，希望读者能熟练掌握并灵活运用遮罩技术。本项目通过 3 个实例，由浅入深地介绍了静态和动态遮罩效果，全面展示了遮罩动画的魅力。

　　读者可以模拟本项目的所有实例来进一步熟悉遮罩工具。在制作时，应从遮罩的原理出发，充分发挥自己的创意，创作出更为生动有趣的 Flash 作品。

习　题

一、简答题

1. 遮罩层动画的原理是什么？

2. 制作遮罩层动画至少需要几个图层？

3. 遮罩层动画还能应用于哪些艺术表达方面？

二、操作题

1. 使用自己的名字制作图 7-84 所示的动态七彩文字效果。

图 7-84　动态文字效果

2. 利用一幅静态图片制作流水效果（图片可以根据个人喜好灵活选取），参考图片如图 7-85 所示。

3. 利用遮罩制作放大镜效果（图片可以根据个人喜好灵活选取），如图 7-86 所示。

图 7-85　参考图片　　　　　　　　　图 7-86　放大镜效果图

4. 制作图 7-87 所示的动态图片效果。

图 7-87　动态图片效果

项目八
ActionScript 3.0 编程基础

ActionScript 一直以来都是 Flash 中的一个重要模块，Flash CS6 进一步加强了这一模块的功能。其中包括重新定义了 ActionScript 的编程思想，增加了大量的内置类，程序的运行效率更高等。本项目将介绍 ActionScript 3.0 的基本语法和编程方法，并通过实例介绍常用内置类的使用方法。

学习目标

- ✔ 了解 ActionScript 3.0 的基本语法。
- ✔ 掌握代码的书写位置及方法。
- ✔ 掌握常用内置类的使用方法。
- ✔ 掌握使用 ActionScript 3.0 控制时间轴和元件的方法。

任务一　认识 ActionScript 3.0 编程

【知识解析】

1. ActionScript 3.0 简介

ActionScript 3.0 是最新且最具创新性的 ActionScript 版本，它是针对 Adobe Flash Player 运行环境的编程语言，可以实现程序交互、数据处理以及其他许多功能。

ActionScript 3.0 相比于早期的 ActionScript 版本具有以下特点。

- 使用全新的字节码指令集，并使用全新的 AVM2 虚拟机选择程序代码，显著提高性能，其代码的选择速度可以比旧式 ActionScript 代码快 10 倍。

- 具有更为先进的编译器代码库，严格遵循 ECMAScript（ECMA 262）标准，相对于早期的编译器版本，可选择更深入的优化。

- 使用面向对象的编程思想，可最大限度地重用已有代码，方便创建拥有大型数据集和高度复杂的应用程序。

- ActionScript 3.0 的代码只能写在关键帧上或由外部调入，不能写在元件上。

2. ActionScript 3.0 的基本语法

编写 ActionScript 3.0 代码需要遵循以下基本语法规则。

（1）区分大小写

ActionScript 3.0 区分大小写。例如，下面代码创建的是两个不同的变量。

```
var num1:int;
var Num1:int;
```

（2）点运算符

可以通过点运算符"."来访问对象的属性和方法。例如，有以下类的定义。

```
class ASExample
{
    public var name:String;
    public function method1():void { }
}
```

该类中有一个 name 属性和一个 method1()方法，借助点语法，并创建一个实例来访问相应的属性和方法。

```
var example1:ASExample = new ASExample();
example1.name = "Hello";
example1.method1();
```

（3）字面值

"字面值"是指直接出现在代码中的值。下面的示例都是字面值。

```
17
-9.8
"Hello"
```

```
null

undefined

true
```

（4）分号

可以使用分号字符"；"来终止语句。若省略分号字符，则编译器将假设每一行代码代表一条语句。使用分号来终止语句，代码会更易于阅读。使用分号终止语句还可以在一行中放置多个语句，但是这样会使代码变得难以阅读。

（5）注释

ActionScript 3.0 代码支持两种类型的注释：单行注释和多行注释，编译器将忽略注释中的文本。单行注释以两个正斜杠字符"//"开头并持续到该行的末尾。例如，下面的代码包含两个单行注释。

```
//单行注释 1

var num1:Number = 3; // 单行注释 2
```

多行注释以一个正斜杠和一个星号"/*"开头，以一个星号和一个正斜杠"*/"结尾。例如：

```
/*这是一个可以跨

多行代码的多行注释。*/
```

3. ActionScript 3.0 常用代码

ActionScript 3.0 是一个强大的编程语言，它提供了大量的内部函数，能完成各种控制功能。初级用户，只需掌握一些简单的函数，能对影片进行简单控制即可。

（1）时间轴控制函数

新建一个 Flash（ActionScript 3.0）文档，选中图层 1 的第 1 帧，按 F9 键打开【动作】面板，如图 8-1 所示。

其中 3 个板块的功能如下。

● 在代码输入区中可以直接输入代码。

● 在代码输入快速切换区中可以查看或快速切换到具有代码的帧。

● 在快速插入代码区中双击某个函数，可以在代码输入区中的光标位置插入该函数。此功能对于代码初学者十分有用。

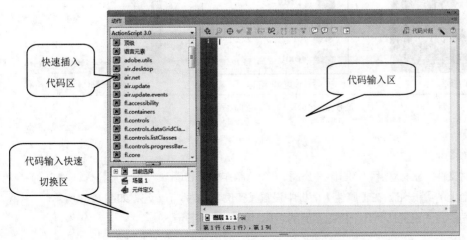

图 8-1 【动作】面板

时间轴控制函数的说明如表 8-1 所示。

表 8-1　　　　　　　　　　　　　　　时间轴控制函数说明

函　　　数	作　　　　　用
gotoAndPlay(n)	将播放头转到场景中的第 n 帧并从该帧开始播放（n 为要调整的帧数）
gotoAndStop(n)	将播放头转到场景中的第 n 帧并停止播放
nextFrame()	将播放头转到下一帧
nextScene()	将播放头转到下一场景的第 1 帧
play()	在时间轴中向前移动播放头
prevFrame()	将播放头转到上一帧
prevScene()	将播放头转到上一场景的第 1 帧
stop()	停止当前正在播放的 SWF 文件
stopAllSounds()	在不停止播放头的情况下，停止 SWF 文件中当前正在播放的所有声音

（2）添加事件

ActionScript 3.0 中的事件通过 addEventListener() 方法来添加，其一般格式如下。

接收事件对象.addEventListener(事件类型.事件名称，事件响应函数名称);

function 事件响应函数名称(e:事件类型)

{

　　//此处是为响应事件而选择的动作

}

若是对时间轴添加事件，则使用 this 代替接收事件对象或省略不写。

操作一　【重点案例】——制作"公司 PPT"

本案例将使用时间轴控制函数制作公司 PPT 效果，制作流程如图 8-2 所示。

打开制作模板　　　　　　　设置实例名称　　　　　　　输入控制代码

图 8-2　"公司 PPT"制作流程图

【操作步骤】

1. 设置实例名称

步骤① 打开素材文件"素材\项目八\制作'公司 PPT'\制作模板.fla"。

步骤② 单击舞台上的 ■ 按钮，在【属性】面板中设置其实例名称为"prev"，如图 8-3 所示。

步骤③ 利用相同的方法设置其他几个按钮实例的名称，如图 8-4 所示。

图 8-3 【属性】面板　　　　　　　　　图 8-4 设置实例名称

2. **输入控制代码**

步骤① 选中 "AS" 图层的第 1 帧，按 F9 键打开【动作】面板，输入以下代码。

```
stop();
//根据实例名称为按钮添加鼠标点击时间
exit.addEventListener(MouseEvent.CLICK,goexit);
back.addEventListener(MouseEvent.CLICK,goback);
next.addEventListener(MouseEvent.CLICK,nextframe);
prev.addEventListener(MouseEvent.CLICK,prevframe);
//定义事件响应函数
//【实例名称】为 "next" 按钮的响应函数
function nextframe(e) {
nextFrame();
}
//【实例名称】为 "prev" 按钮的响应函数
function prevframe(e) {
prevFrame();
}
//【实例名称】为 "back" 按钮的响应函数
function goback(e) {
gotoAndStop(1);
}
//【实例名称】为 "exit" 按钮的响应函数
function goexit(e) {
fscommand("quit");
}
```

提示

本书的教学辅助资源提供了本案例的全部代码。

步骤② 保存测试影片，一个交互式的公司 PPT 效果制作完成。

操作二　【突破提高】——制作"可爱动物秀"

本案例进一步使用 ActionScript 3.0 来制作"可爱动物秀"效果，其制作流程如图 8-5 所示。

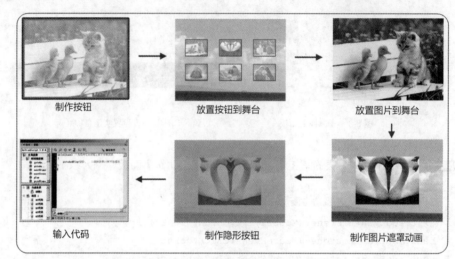

图 8-5　"可爱动物秀"制作流程图

微课 8-1：制作
"可爱动物秀"

【操作步骤】

1. 制作所需按钮元件

步骤① 新建一个 Flash 文档，文档属性保持默认设置。

步骤② 选择【文件】/【导入】/【导入到库】命令，将素材文件夹"素材\项目八\制作'可爱动物秀'"中的所有图片导入当前的【库】面板中。

步骤③ 新建一个按钮元件并命名为"动物 1"，随后进入元件内部进行编辑。

步骤④ 将【库】面板中的位图"动物 1.png"拖入舞台，并相对舞台居中对齐，在【变形】面板中设置图片的宽度和高度都为"20%"，如图 8-6 所示。

图 8-6　设置图片的宽度和高度

步骤⑤ 确认编辑区中的图片处于选中状态，按 Ctrl+B 组合键将图片打散，单击编辑区空白处，取消图片选中状态。

步骤⑥ 选择【墨水瓶】工具，设置笔触颜色为"#CC0000"，笔触大小为"3"，然后在编辑区的图片上单击鼠标左键，给图片添加边框，如图 8-7 所示。

步骤⑦ 在"图层 1"之上新建一个图层，选择【矩形】工具，设置笔触颜色为"无"，填充颜色为"白色"且其【Alpha】值为"50%"。在编辑区绘制一个矩形，设置宽、高分别为"110""80"，并相对舞台居中对齐，使矩形刚好覆盖在图片上，如图 8-8 所示。

图 8-7 添加边框   图 8-8 绘制半透明矩形

步骤⑧ 在"图层 1"的"点击"帧插入帧，如图 8-9 所示。

步骤⑨ 利用相同的方法，分别使用"动物 2.png"～"动物 6.png"制作按钮元件"动物 2"～"动物 6"，制作完成后的【库】面板如图 8-10 所示。

图 8-9 插入帧   图 8-10 【库】面板

提示

也可选择【文件】/【导入】/【打开外部库】命令，打开素材文件"素材\项目八\制作'可爱动物秀'\全部按钮.fla"，从中获取按钮。

步骤⑩ 新建一个按钮元件并命名为"隐形按钮"，随后进入元件内部进行编辑。

步骤⑪ 在"图层 1"的"点击"帧插入空白关键帧，选择【矩形】工具，任选一种填充颜色，绘制一个宽、高分别为"550""400"的矩形，并相对舞台居中对齐。

提示

由于"点击"帧中的图形只是用于感应鼠标指针是否位于该按钮之上，在使用时并不会显示，所以矩形的颜色可以任意指定。

2. 布置动画场景

步骤① 返回到主场景，新建并重命名图层，得到图 8-11 所示的图层效果。

步骤② 在"遮罩"图层上单击鼠标右键，在弹出的快捷菜单中选择【遮罩层】命令，将该图层转换为"动物图片"图层的遮罩层，如图 8-12 所示。

图 8-11　新建并重命名图层　　　　　图 8-12　转换遮罩层

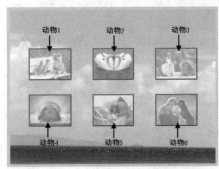

图 8-13　加入按钮元件

步骤③ 将【库】面板中的"背景.png"拖入"背景"图层上，并相对舞台居中对齐，使元件刚好覆盖整个舞台，然后在第 61 帧插入帧。

步骤④ 将【库】面板中的"动物 1"～"动物 6"按钮元件依次拖入"按钮"图层上，并摆放整齐，如图 8-13 所示。

步骤⑤ 选择"动物图片"图层并解除锁定，在第 2 帧插入空白关键帧，将【库】面板中的位图"动物 1.png"拖入舞台中，并相对舞台居中对齐。

步骤⑥ 利用相同的方法分别在"动物图片"图层的第 12 帧、第 22 帧、第 32 帧、第 42 帧和第 52 帧插入空白关键帧，依次将【库】面板中的位图"动物 2.png"～"动物 6.png"拖入舞台，并相对居中对齐，最后在第 61 帧插入帧，如图 8-14 所示。

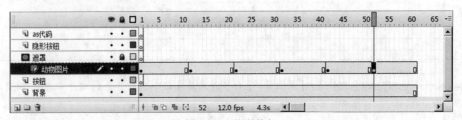

图 8-14　时间轴状态

图 8-15　绘制矩形

步骤⑦ 选择"遮罩"图层并解除锁定，在第 2 帧插入空白关键帧。选择【矩形】工具▢，任选一种填充颜色，在舞台中绘制一个矩形，设置宽、高都为"20"像素，并相对舞台居中对齐，效果如图 8-15 所示。

步骤⑧ 在"遮罩"图层的第 11 帧插入关键帧，调整舞台中矩形的宽、高分别为"550"像素、"400"像素，并相对舞台居中对齐。

步骤⑨ 在"遮罩"图层第 2 帧～第 11 帧创建形状补间动画。

步骤⑩ 选中第 2 帧～第 11 帧的所有帧，按住 Alt 键，将鼠标指针放在选中的帧上，向后拖曳鼠标，将选中的帧复制到第 12～21 帧。重复此操作，将选中的帧再复制 4 段，如图 8-16 所示。

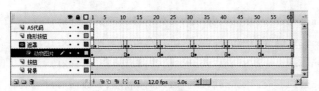

图 8-16　复制帧

步骤⑪ 选择"隐形按钮"图层，在第 2 帧插入空白关键帧，将【库】面板中的"隐形按钮"元件拖入舞台，并相对舞台居中对齐，然后在第 61 帧插入帧。

3. 输入帧代码

步骤① 选中"AS 代码"图层第 1 帧，按 F9 键打开【动作】面板，输入控制代码"stop();"。

步骤② 分别在"AS 代码"图层的第 11 帧、第 21 帧、第 31 帧、第 41 帧、第 51 帧和第 61 帧插入关键帧，如图 8-17 所示，并依次打开【动作-帧】面板，输入控制代码"stop();"。

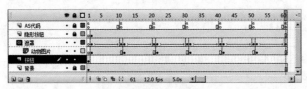

图 8-17　输入帧控制代码

4. 设置按钮实例名称

步骤① 选中"隐形按钮"图层上的"隐形按钮"元件，在【属性】面板中设置其实例名称为"goback"，如图 8-18 所示。

步骤② 利用相同的方法为"按钮"图层上的所有"动物"按钮设置实例名称，如图 8-19 所示。

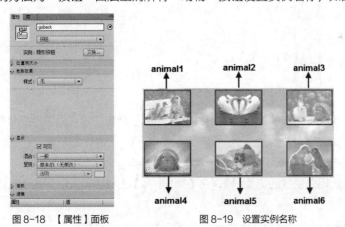

图 8-18　【属性】面板　　　　图 8-19　设置实例名称

5. 输入控制代码

步骤① 选中"AS 代码"图层的第 1 帧，按 F9 键打开【动作】面板，输入以下控制代码。

```
stop();
function goback_click(e) {
    gotoAndPlay(1);
}
```

```
animal1.addEventListener(MouseEvent.CLICK,animal1_click);
animal2.addEventListener(MouseEvent.CLICK,animal2_click);
animal3.addEventListener(MouseEvent.CLICK,animal3_click);
animal4.addEventListener(MouseEvent.CLICK,animal4_click);
animal5.addEventListener(MouseEvent.CLICK,animal5_click);
animal6.addEventListener(MouseEvent.CLICK,animal6_click);

function animal1_click(e) {
    gotoAndPlay(2);
}
function animal2_click(e) {
    gotoAndPlay(12);
}
function animal3_click(e) {
    gotoAndPlay(22);
}
function animal4_click(e) {
    gotoAndPlay(32);
}
function animal5_click(e) {
    gotoAndPlay(42);
}
function animal6_click(e) {
    gotoAndPlay(52);
}
```

步骤② 选择"AS 代码"图层的第 11 帧，在【动作-帧】面板中输入以下控制代码。

```
stop();
goback.addEventListener(MouseEvent.CLICK,goback_click);
```

步骤③ 选择"AS 代码"图层的第 21 帧，在【动作-帧】面板中输入以下控制代码。

```
stop();
goback.addEventListener(MouseEvent.CLICK,goback_click);
```

步骤④ 选择"AS 代码"图层的第 31 帧，在【动作-帧】面板中输入以下控制代码。

```
stop();
goback.addEventListener(MouseEvent.CLICK,goback_click);
```

步骤⑤ 选择"AS 代码"图层的第 41 帧，在【动作-帧】面板中输入以下控制代码。

```
stop();
goback.addEventListener(MouseEvent.CLICK,goback_click);
```

步骤⑥ 选择"AS 代码"图层的第 51 帧，在【动作-帧】面板中输入以下控制代码。

```
stop();

goback.addEventListener(MouseEvent.CLICK,goback_click);
```

步骤 ❼ 选择 "AS 代码" 图层的第 61 帧，在【动作-帧】面板中输入以下控制代码。

```
stop();

goback.addEventListener(MouseEvent.CLICK,goback_click);
```

提示

本书提供的辅助教学资源提供了本案例的全部代码。

步骤 ❽ 保存测试影片，"可爱动物秀" 制作完成。

任务二 ActionScript 3.0 编程综合应用

【知识解析】

本任务将利用到几个常用内置类，在设计开发 Flash 作品的同时，介绍类、属性和方法等的使用方法和编程技巧。

1. 获取时间

ActionScript 3.0 对时间的处理主要通过 Date 类来实现，通过以下代码初始化一个无参数的 Date 类的实例，可得到当前系统时间。

```
var now:Date = new Date();
```

通过点运算符调用对象 now 中包含的 getHours()、getMinutes()、getSeconds()方法可得到当前时间的小时、分钟和秒的数值。

```
var hour:Number=now.getHours();

var minute:Number=now.getMinutes();

var second:Number=now.getSeconds();
```

2. 指针旋转角度的换算

（1）对于时钟中的秒针，旋转一周是 60s 即 360°，每转过一个刻度是 6°。用当前秒数乘以 6 便得到秒针旋转角度。

```
var rad_s = second * 6;
```

（2）对于分针，其转过一个刻度也是 6°，但为了避免每隔 1min 才跳动一下，所以设计成每 10s 转过 1°。

```
var rad_m = minute * 6 + int(second / 10);
```

其中 int(second / 10)表示用秒数除以 10 后取其整数，结果便是每 10s 增加 1。

（3）对于时针，旋转一周是 12h 即 360°，但通过 getHours()得到的小时数值为 0~23，所以先使用 "hour%12" 将其变化范围调整为 0~11（其中 "%" 表示前数除以后数取余数）。

时针每小时要旋转 30°，同样为了避免每隔 1h 才跳动一下，设计成每 2min 旋转 1°。

```
var rad_h = hour % 12 * 30 + int(minute / 2);
```

3．元件动画设置

根据计算所得数值，通过点运算符访问并设置实例的 rotation 属性便可以形成旋转动画。

实例名.rotation = 计算所得数值；

4．算法分析

设一个变量 index，要让 index 在 $0 \sim n-1$ 从小到大循环变化，可使用如下算法。

```
index++;              // "++" 表示 index = index+1，即变量自加 1
index = index % n;    // "%" 表示取余数
```

若要让 index 在 $0 \sim n-1$ 从大到小循环变化，则使用如下算法。

```
index += n-1;         // "+=" 是 index = index + (n-1) 的缩写形式
index = index % n;
```

操作一　【重点案例】——制作"精美时钟"

本案例将制作日常生活中常见的物品——时钟，它不但具有漂亮的外观，而且可以精确指示当前的系统时间。其控制代码较少，且简单易懂，是 ActionScript 3.0 入门学习的理想选择。"精美时钟"制作流程如图 8-20 所示。

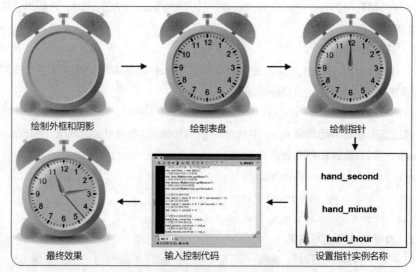

绘制外框和阴影　　　绘制表盘　　　绘制指针

最终效果　　　输入控制代码　　　设置指针实例名称

微课 8-2：制作
"精美时钟"

图 8-20　"精美时钟"制作流程图

【操作步骤】

1．制作时钟外壳

步骤① 新建一个 Flash 文档，设置【帧频】为 "12fps"，其他文档属性保持默认设置。

步骤② 新建图层并重命名图层，得到图 8-21 所示的图层效果。

步骤③ 选择【椭圆】工具 ◎，在【属性】面板中设置其笔触颜色为 "无"，填充颜色的类型为【径向渐变】，从左至右第 1 个色块颜色为 "#E86C28"，第 2 个色块颜色为 "#FFD8C0"，如图 8-22 所示。

步骤④ 在 "外壳" 图层上绘制一个圆形，设置其宽、高均为 "200"，并相对舞台居中对齐，然后选择【渐变变形】工具 ▣，调整填充的大小和中心位置，如图 8-23 所示。

提示

在绘制图形时，请确保【绘制对象】按钮 处于按下状态。

图 8-21 图层效果

图 8-22 设置填充颜色

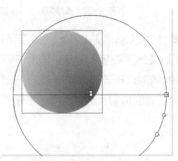

图 8-23 调整填充

步骤 ⑤ 复制绘制的圆形，将其粘贴到当前位置，调整其宽、高均为"170"像素并相对舞台居中对齐，选择【渐变变形】工具 ，调整其填充中心到左上角，如图 8-24 所示。

步骤 ⑥ 再次使用粘贴操作创建第 3 个圆形，调整其宽、高均为"160"像素，并相对舞台居中对齐，设置其填充颜色为"#FFCC00"，效果如图 8-25 所示。

步骤 ⑦ 选择【矩形】工具 ，设置笔触颜色为"无"，填充颜色的类型为【径向渐变】，【颜色】面板中的设置与步骤（3）中的相同，在舞台上方绘制一个宽、高分别为"10"像素、"8"像素的矩形。

步骤 ⑧ 绘制一个宽、高分别为"8"像素、"10"像素的矩形。分别将两个矩形与舞台水平居中对齐，然后将两个矩形上下组合到一起，效果如图 8-26 所示。

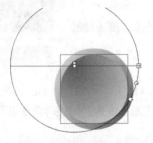

图 8-24 调整填充中心

图 8-25 创建第 3 个圆

图 8-26 绘制并组合矩形

步骤 ⑨ 在舞台右侧绘制一个宽、高分别为"10"像素、"100"像素的矩形，并选择【选择】工具 ，将矩形的顶部调整成弧形，如图 8-27 所示。

步骤 ⑩ 选择【椭圆】工具 ，在矩形上绘制一个椭圆，并设置其宽、高分别为"105""90"。

步骤 ⑪ 选择【选择】工具 ，双击椭圆对象进入其内部，删除下半部分椭圆，选择【渐变变形】工具 ，将填充中心移到剩余部分的中心，如图 8-28 所示。

步骤 ⑫ 将矩形与椭圆的中心对齐后，组合在一起，然后将其顺时针旋转 35°，效果如图 8-29 所示。

步骤 ⑬ 选择【椭圆】工具 ，绘制一个椭圆，设置其宽、高分别为"80""50"，然后选择【渐变变形】工具 ，将填充中心移到右下角，之后将其顺时针旋转 45°，效果如图 8-30 所示。

图 8-27 绘制矩形　　　图 8-28 绘制半椭圆　　图 8-29 组合图形并旋转

步骤⑭ 使用【选择】工具 ▶ 同时选择右侧的两个对象，在舞台左侧复制一组图形，然后选择【修改】/
【变形】/【水平翻转】命令，效果如图 8-31 所示。

步骤⑮ 同时选择圆形外壳周围的 5 个元素，然后选择【修改】/【排列】/【移至底层】命令，最后
调整各元素的位置，如图 8-32 所示。

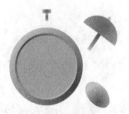 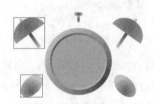 

图 8-30 绘制椭圆等　　　　　图 8-31 复制并翻转　　　　　图 8-32 调整层和位置

2．制作阴影效果

步骤① 选择【椭圆】工具 ◯，在"阴影"图层绘制一个椭圆，设置其宽、高分
别为"265""40"，笔触颜色为"无"，填充颜色的类型为【径向渐变】，从左
至右第 1 个色块颜色为"#666666"，第 2 个色块颜色为"#666666"且其
【Alpha】值为 0%，如图 8-33 所示。

步骤② 选择【渐变变形】工具 ▤，调整椭圆填充形状，并调整椭圆的位置，
效果如图 8-34 所示。

3．制作表盘元素

步骤① 选择【直线】工具 ✎，设置笔触大小为"1"，按住 Shift 键在"表盘"
图层上绘制一条水平直线，并相对舞台居中对齐，然后打开【变形】面板，将旋转角度设为"6"，单
击 ⯗ 按钮，复制出一圈刻度线，如图 8-35 所示。

图 8-33 设置填充颜色

  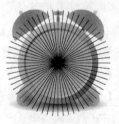

　　　　　　　　　　　　　　　　　　变形面板　　　　　　　　　效果

图 8-34 调整填充形状和椭圆位置　　　　　图 8-35 复制刻度线

步骤② 选择【椭圆】工具 ◯，设置填充颜色为"无"，绘制出两个直径分别为"155"和"145"的

圆形，并相对舞台居中对齐，效果如图 8-36 所示。

步骤③ 选择该图层的所有直线和圆，按 Ctrl + B 组合键将其分离，然后删除周围和内部的线段以及圆周线段，最终剩下时钟的刻度线。选择整点方向的刻度线，将其笔触大小设为 "4"，效果如图 8-37 所示。

步骤④ 选择【文本】工具 T ，在【属性】面板的字符栏中设置系列为【Arial】，大小为 "18"，字体颜色为 "黑色"，在舞台中分别输入数字 "1" ～ "12" 并调整其位置，效果如图 8-38 所示。

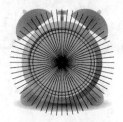
图 8-36　绘制两个圆

图 8-37　删除多余线段

图 8-38　添加数字

4. 制作指针和转轴

步骤① 选择【多角星形】工具 ，在【属性】面板中单击 选项... 按钮，弹出【工具设置】对话框，设置【边数】为 "3"。

步骤② 在 "时针" 图层上绘制一个三角形，设置宽为 "6.5"，笔触颜色为 "无"，填充颜色为 "#FF6666"。

步骤③ 复制三角形，并将其粘贴到当前位置，然后水平翻转，调整位置使两个三角形底边重合，设置复制后的三角形的填充颜色为 "#FF9900"，调整三角形顶点，最终效果如图 8-39 所示。

步骤④ 选择绘制的指针，按 F8 键将其转换为 "指针" 影片剪辑元件，转换时将其注册点设在下方，如图 8-40 所示。

步骤⑤ 返回主场景，调整 "指针" 位置。将元件最下端置于表盘中心，并在【属性】面板中设置其实例名称为 "handhour"，如图 8-41 所示。

图 8-39　绘制指针

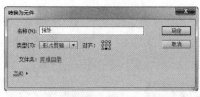
图 8-40　转换元件并设置注册点

图 8-41　设置元件实例名称

步骤⑥ 复制 "指针" 元件，将其粘贴到 "分针" 图层上，适当减小其宽度并增加其长度，在调整过程中，保证元件最下端位于表盘中心。最后设置元件的实例名称为 "handminute"。

步骤⑦ 选择 "秒针" 层，选择【直线】工具 ，从表盘中心向上绘制一条直线，设置直线的笔触颜色为 "红色"，笔触大小为 "2"。按 F8 键将其转换为 "秒针" 影片剪辑元件，同样设置注册点位于下方，最后设置实例名称为 "handsecond"，最终效果如图 8-42 所示。

步骤⑧ 选择【椭圆】工具 ，在 "转轴" 图层上绘制一个圆形，并设置其宽、高均为 "10"，笔触颜色为"无"，填充颜色为"#FF9900"，并相对舞台居中对齐。

步骤⑨ 再绘制一个圆形，设置宽、高均为"4"，【填充颜色】为"白色"，并相对舞台居中对齐，完成转轴绘制，如图8-43所示。

指针   最终效果

图8-42　完成指针制作　　　　　　　　　　　　　图8-43　绘制转轴

5.　绘制玻璃罩

步骤① 选择【椭圆】工具◎，设置笔触颜色为"无"，填充颜色的类型为【径向渐变】，从左至右第1个色块颜色为"白色"且其【Alpha】值为0%，第2个色块颜色为"白色"且其【Alpha】值为60%，如图8-44所示。

步骤② 在"玻璃罩"图层上绘制一个圆形，设置其宽、高均为"165"像素，并相对舞台居中对齐，选择【渐变变形】工具🔲，调整其填充中心和大小，如图8-45所示。

图8-44　设置填充颜色　　　　图8-45　调整填充中心和大小

步骤③ 复制圆并粘贴到当前位置，调整其宽、高均为"150"像素，并相对舞台居中对齐，在【颜色】面板中将第1个色块向右移动一点位置，如图8-46所示。选择【渐变变形】工具🔲，调整填充中心和大小，如图8-47所示。

图8-46　调整色块位置　　　　图8-47　调整复制圆的填充中心和大小

步骤④ 同时选中两个圆形，按 Ctrl + G 组合键使两圆组合到一起，形成玻璃罩。

6. 输入控制代码

选择图层 "AS3.0" 的第 1 帧，按 F9 键打开【动作】面板，输入以下控制代码。

```
//初始化时间对象，用于存储当前时间
var now:Date = new Date();
//获取当前时间的小时数值
var hour:Number=now.getHours();
//获取当前时间的分钟数值
var minute:Number=now.getMinutes();
//获取当前时间的秒数值
var second:Number=now.getSeconds();
//计算时针旋转角度
var rad_h = hour % 12 * 30 + int(minute / 2);
//计算分针旋转角度
var rad_m = minute * 6 + int(second / 10);
//计算秒针旋转角度
var rad_s = second * 6;
//设置时针旋转属性值
hand_hour.rotation = rad_h;
//设置分针旋转属性值
hand_minute.rotation = rad_m;
//设置秒针旋转属性值
hand_second.rotation = rad_s;
```

7. 保存并测试影片

在所有图层的第 2 帧插入帧，保存并测试影片，一个精美的时钟制作完成。

操作二 【突破提高】——制作"时尚 MP3"

本案例将使用 ActionScript 3.0 制作一个时尚的 MP3 播放器，效果如图 8-48 所示。

图 8-48 制作"时尚 MP3"

【步骤提示】

1. 打开文件

打开素材文件"素材\项目八\制作'时尚MP3'\制作模板.fla"。

2. 设置实例名称

在【属性】面板中为舞台上的各个元素设置实例名称，如图8-49所示。

> 设置实例名称时，由于"播放进度"元件和"加载进度"元件重合在一起不便于选择，所以应使用图层的锁定和隐藏功能，选择正确的元件设置实例名。

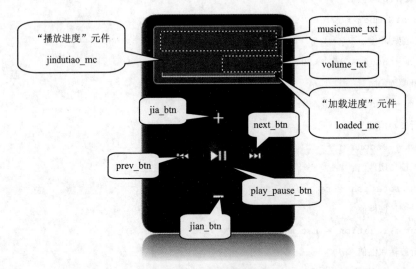

图8-49 设置实例名称

3. 输入板块控制代码

选择图层"AS3.0"的第1帧，按 F9 键打开【动作】面板，输入以下几个板块的控制代码。

步骤① 定义将要用到的变量和类的实例。

```
//定义用于存储所有音乐地址的数组，可根据需要更换或增加音乐地址

var musics:Array = new Array("music.mp3",

 "http://www.jste.net.cn/train/files_upload/undefined/J7.mp3",

 "http://www.chinasanyi.com/mp3/3.mp3");

//定义用于存储当前音乐流的 Sound 对象

var music_now:Sound = new Sound();

//定义用于存储当前音乐地址的 URLRequest 对象

var musicname_now:URLRequest = new URLRequest();

//定义用于标识当前音乐地址在音乐数组中的位置

var index:int = 0;

//定义用于控制音乐停止的 SoundChannel 对象
```

```
var channel:SoundChannel;
//定义用于控制音乐音量大小的 SoundTransform 对象
var trans:SoundTransform = new SoundTransform();
//定义用于存储当前播放位置的变量
var pausePosition:int =0;
//定义用于表示当前播放状态的变量
var playingState:Boolean;
//定义用于存储音乐数组中音乐数的变量
var totalmusics:uint = musics.length;
```

步骤② 初始化操作，对各实例进行初始化，并开始播放音乐数组中的第 1 首音乐。

```
//初始设置小文本框中的内容，即当前音量大小
volume_txt.text = "音量:100%";
//初始设置大文本框中的内容，即当前音乐地址
musicname_txt.text = musics[index];
//初始设置当前音乐地址
musicname_now.url=musics[index];
//加载当前音乐地址所指的音乐
music_now.load(musicname_now);
//开始播放音乐并把控制权交给 SoundChannel 对象，同时传入 SoundTransform 对象用于控制音乐音量的大小
channel = music_now.play(0,1,trans);
//设置播放状态为真，表示正在播放
playingState = true;
```

步骤③ 在播放过程中设置"加载进度"元件和"播放进度"元件的宽度，用于表示当前音乐的加载进度和播放进度。

```
//添加 EnterFrame 事件，控制每隔"1/帧频"时间检测一次相关进度
addEventListener(Event.ENTER_FRAME, onEnterFrame);
//定义 EnterFrame 事件的响应函数
function onEnterFrame(e)
{
//得到当前音乐已加载部分的比例
var loadedLength:Number= music_now.bytesLoaded / music_now.bytesTotal;
//根据已加载比例设置"加载进度"元件的宽度
loaded_mc.width = 130 * loadedLength;
//计算当前音乐的总时间长度
var estimatedLength:int = Math.ceil(music_now.length / loadedLength);
//根据当前播放位置在总时间长度中的比例设置"播放进度"元件的宽度
jindutiao_mc.width = 130*(channel.position / estimatedLength);
}
```

步骤 ④ 添加"播放暂停"按钮上的控制代码。

```
//为"播放暂停"按钮添加鼠标单击事件
play_pause_btn.addEventListener(MouseEvent.CLICK,onPlaypause);
//定义"播放暂停"按钮上的单击响应函数
function onPlaypause(e)
{
//判断是否处于播放状态
if (playingState)
{
//为真，表示正在播放
//存储当前播放位置
pausePosition = channel.position;
//停止播放
channel.stop();
//设置播放状态为假
playingState= false;
} else
{
//不为真，表示已暂停播放
//从存储的播放位置开始播放音乐
channel = music_now.play(pausePosition,1,trans);
//重新设置播放状态为真
playingState=true;
}
}
```

步骤 ⑤ 添加选择播放上一首音乐的代码。

```
//为按钮添加事件
prev_btn.addEventListener(MouseEvent.CLICK,onPrev);
//定义事件响应函数
function onPrev(e)
{
//停止当前音乐的播放
channel.stop();
//计算当前音乐的上一首音乐的序号
index += totalmusics -1;
index = index % totalmusics;
//重新初始化 Sound 对象
music_now = new Sound();
```

```
//重新设置当前音乐地址
musicname_now.url=musics[index];
//重新设置大文本框中的内容
musicname_txt.text = musics[index];
//加载音乐
music_now.load(musicname_now);
//播放音乐
channel = music_now.play(0,1,trans);
//设置播放状态为真
playingState = true;
}
```

步骤⑥ 添加选择播放下一首音乐的代码。

```
next_btn.addEventListener(MouseEvent.CLICK,onNext);
function onNext(e)
{
channel.stop();
index++;
index = index % totalmusics;
music_now = new Sound();
musicname_now.url=musics[index];
musicname_txt.text = musics[index];
music_now.load(musicname_now);
channel = music_now.play(0,1,trans);
playingState = true;
}
```

步骤⑦ 添加增加音量的控制代码。

```
jia_btn.addEventListener(MouseEvent.CLICK,onJia);
function onJia(e)
{
//将音量增加 0.05，即 5%
trans.volume +=0.05;
//控制音量最大为 3，即 300%
if (trans.volume>3)
{
    trans.volume = 3;
}
//传入参数使设置生效
channel.soundTransform = trans;
```

```
//重新设置小文本框中的内容，即当前音量大小
volume_txt.text = "音量:"+Math.round(trans.volume*100)+"%";
}
```

步骤⑧ 添加降低音量的控制代码。

```
jian_btn.addEventListener(MouseEvent.CLICK,onJian);
function onJian(e)
{
trans.volume -= 0.05;
if (trans.volume<0)
{
    trans.volume = 0;
}
channel.soundTransform = trans;
volume_txt.text = "音量:"+Math.round(trans.volume*100)+"%";
}
```

4. 保存并测试

保存 Flash 文件，复制一个 MP3 文件到 Flash 原文件的保存位置，并重命名为"music.mp3"，然后测试影片，一个具有时尚外观的 MP3 播放器就制作完成了，用它可以播放喜爱的本地音乐或网络歌曲。

小　结

前几个项目介绍的都是顺序动画，播放动画时，只能看着画面按照预先设置好的场景顺序出现，不能实现对动画的控制和交互，这类动画都是非交互式动画。在实际应用中，常常需要通过键盘和鼠标操作来控制动画的走向，选择动画提供的项目，这种动画就是交互式动画。交互式动画在常见的 Flash 游戏中应用最为广泛。

交互式动画可以通过 ActionScript 来创建，这是一种使用编程方式来控制动画流程的程序语言。读者应该首先对 ActionScript 脚本语言的语法和程序结构有初步的认识，然后通过学习本项目中的实例，进一步加深对 ActionScript 的理解。

ActionScript 具有庞大的函数库，本项目只介绍了常用的控制命令。ActionScript 的功能非常强大，若想进一步使用 ActionScript 3.0 开发较大的应用程序或游戏，则需要参看 ActionScript 的帮助文档或相关资料，并在实践中掌握各种内置类的使用方法。

习 题

一、简答题

1. 对时间轴的播放控制函数有哪些?

2. 获取舞台上的影片剪辑元件旋转度的属性值是什么?

二、操作题

1. 自己动手制作一个圆形按钮，被鼠标单击时会改变颜色。

2. 制作一个"复制"按钮，当单击"复制"按钮时，会在舞台中随机复制出 10 个图形，效果如图 8-50 所示。

3. 制作一个"文本翻动"按钮，该按钮可以控制文本翻动效果，如图 8-51 所示。

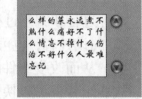

图 8-50 复制效果 　　　　　　　　　　　　图 8-51 控制文本翻动效果

4. 按照"公司宣传 PPT"的制作方法制作一个精美的课件效果，如图 8-52 所示。

图 8-52 精美课件

项目九
组件

09

组件是 Flash 的重要部分，它为 Flash 应用程序开发提供了常用的组件。使用组件可以帮助开发者将应用程序的设计过程和编码过程分开。即使是完全不了解 ActionScript 3.0 的设计者，也可以根据组件提供的接口来改变组件的参数，从而改变组件的相关特性，达到设计的目的。应用播放器组件，可以快速开发播放控制程序。即使不用任何绘图工具，也能制作出精美的播放器。

学习目标

- ✔ 掌握用户接口组件的使用方法。
- ✔ 掌握视频控制组件的使用方法。
- ✔ 掌握两种组件的配合使用方法。
- ✔ 了解使用组件开发的整体思路。

任务一 认识用户接口组件

【知识解析】

了解应用程序开发的用户对用户接口组件一定不会陌生，众多的应用程序开发工具都会提供此类组件。虽然 Flash 开发的应用程序不能调用各种系统库函数，使其应用范围受限，但是使用组件开发的程序可以在网页上满足用户的各种要求，如开发网页上的测试系统、Flash 播放器、购物系统等。

选择【窗口】/【组件】命令，打开【组件】面板，如图 9-1 所示。【组件】面板分为 3 部分：Flex 组件、用户接口（User Interface）组件和视频（Video）组件。

Flex 组件   用户接口组件   视频组件

图 9-1　组件窗口

其中用户接口组件应用最为广泛，包括常用的按钮、复选框、单选按钮、列表等，利用用户接口组件可以快速开发组件应用程序。

操作一　【重点案例】——制作"图片显示器"

本案例将使用 Flash 组件制作 "图片显示器"，输入有效的图片地址，然后单击 "显示" 按钮来加载并显示该图片，其制作流程如图 9-2 所示。

放入组件并设置实例名称   输入控制代码   最终测试效果

图 9-2　"图片显示器"制作流程图

微课 9-1：制作
"图片显示器"

【操作步骤】

1. 新建文档

步骤❶ 运行 Flash CS6 软件。

步骤❷ 新建一个 Flash 文档。

步骤❸ 设置文档属性，如图9-3所示。

2. 放置组件

步骤❶ 放入 UILoader 组件，效果如图9-4所示。

① 按 Ctrl + F7 组合键打开【组件】面板。

② 从【User Interface】卷展栏中将【UILoader】组件拖入舞台。

③ 在【属性】面板中设置其位置（X0.0、Y0.0）、大小（宽550、高412.5）。

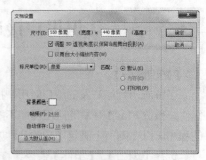

图9-3　设置文档属性

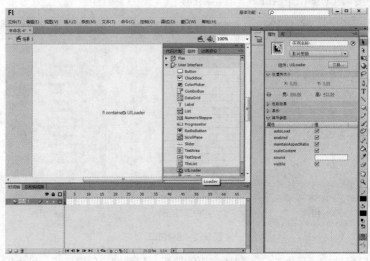

图9-4　放入 UILoader 组件

步骤❷ 放入 TextInput 组件，效果如图9-5所示。

① 从【User Interface】卷展栏中将【TextInput】组件拖入舞台。

② 在【属性】面板中设置其位置（X0.0、Y414.5）和大小（宽550、高22）。

图9-5　放入 TextInput 组件

步骤③ 放入 Button 组件，效果如图 9-6 所示。

① 从【User Interface】卷展栏中将【Button】组件拖入舞台。

② 在【参数】面板中设置其位置（X451.3、Y414.4）和大小（宽 100、高 22）。

③ 在【参数】卷展栏中设置【label】为"显示"。

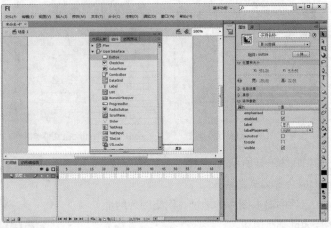

图 9-6　放入 Button 组件

3. **输入控制代码**

步骤① 输入控制代码。

① 选中"图层 1"的第 1 帧。

② 按 F9 键打开【动作】面板。

③ 输入以下代码。

```
//为按钮添加单击事件

mButton.addEventListener(MouseEvent.CLICK, fl_MouseClickHandler);

//创建单击事件响应函数

function fl_MouseClickHandler(event:MouseEvent):void

{

//舞台上 UILoader 组件的显示路径为 TextInput 组件的内容

mUILoader.source = mTextInput.text;

}
```

提示

　　使用代码操作舞台上的组件，是通过代码访问组件的属性参数来实现的。以本案例涉及的 UILoader 和 TextInput 组件为例。

　　在【属性】面板的【参数】卷展栏中可查看 UILoader 组件的所有参数，如图 9-7 所示，同理可以查看 TextInput 组件的参数，如图 9-8 所示。

　　使用代码访问 UILoader 组件的【source】参数时，直接使用在舞台上的 UILoader 组件的实例名称"mUILoader"和运算符"."来访问，如 mUILoader.source。

　　访问舞台上的 TextInput 组件的【Text】参数时，使用代码"mTextInput.text"即可。

　图 9-7　UILoader 组件参数

　图 9-8　TextInput 组件参数

步骤② 测试影片，效果如图 9-9 所示。

① 按 Ctrl + Enter 组合键测试影片。

② 在 TextInput 组件中输入图片的地址（网络图片地址或本地计算机上的图片地址都可以）。

③ 单击【显示】按钮，UILoader 组件即可加载并显示该图片。

步骤③ 按 Ctrl + S 组合键保存影片文件，完成动画制作。

图 9-9　测试影片

操作二　【突破提高】——制作"个人信息注册系统"

在日常工作和娱乐中申请各种账号时，都需要填写各种注册信息表。本案例将制作"个人信息注册系统"，其制作流程如图 9-10 所示。

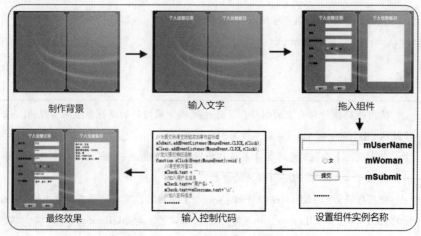

制作背景　　　　　　输入文字　　　　　　拖入组件

mUserName
mWoman
mSubmit

最终效果　　　　输入控制代码　　　设置组件实例名称

图 9-10　"个人信息注册系统"制作流程图

【操作步骤】

1. 制作背景

步骤① 新建一个 Flash 文档，文档属性保持默认设置。

步骤② 新建 5 个图层，并从上至下依次重命名为 "代码" "组件" "文字" "框" 和 "背景"，效果如图 9-11 所示。

步骤③ 选择【文件】/【导入】/【导入到舞台】命令，将素材文件 "素材\项目九\制作'个人信息注册'\背景 1.bmp" 导入 "背景" 图层上，设置图片宽、高分别为 "550 像素" "400 像素"，并相对舞台居中对齐，此时的舞台效果如图 9-12 所示。

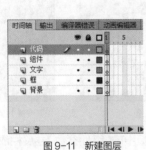

图 9-11 新建图层

图 9-12 导入背景图片

2. 制作背景框

步骤① 将 "背景" 层锁定，选择【矩形】工具 ▢，在【属性】面板中设置笔触颜色为 "白色" 且其【Alpha】值为 "50%"，笔触大小为 "3"，填充颜色为 "白色" 且其【Alpha】值为 "40%"，圆角参数为 "-10"，如图 9-13 所示。

步骤② 在 "框" 图层上绘制一个宽、高分别为 "255.0" "385.0" 的内圆角矩形，并相对舞台居中对齐，如图 9-14 所示。

步骤③ 双击选中绘制的 "矩形"，按住 Ctrl 键，拖曳复制出一个矩形，然后分别设置两矩形的位置，如图 9-15 所示。

图 9-13 过光屏蔽

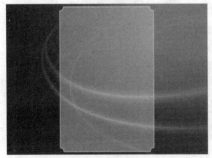

图 9-14 绘制框

图 9-15 复制矩形

3. 输入文字

步骤① 锁定 "框" 图层，选择【文字】工具 T，在 "文字" 图层输入 "个人信息注册" 和 "个人信息核对" 两段文字，并设置文字颜色为 "白色"，文字大小为 "20"，字体为 "(方正综艺简体)"（读者可以设置为自己喜欢的字体），如图 9-16 所示。

步骤② 为了设计美观，分别将两段文字放置在图 9-17 所示的位置。

4．设计组件

步骤① 根据日常经验进行分析，确定需要用户填写的信息项有用户名、密码、重新填写密码、性别、生日和个人爱好 6 项。将"Label"组件拖曳到"组件"图层上，然后复制 5 个，并依次放置到图 9-18 所示的位置。

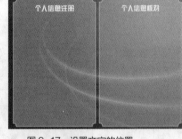

图 9-16　设置文本属性　　　　　图 9-17　设置文字的位置　　　　　图 9-18　设置【Label】位置

步骤② 从上到下依次选中每个"Label"组件，在【属性】面板中的【组件参数】卷展栏依次修改"Label"组件的【Text】参数为"用户名""密码""重新填写密码""性别""生日"和"个人爱好"，修改完成后的效果如图 9-19 所示。

步骤③ 将一个"TextInput"组件拖曳到"组件"图层上，设置其宽、高分别为"130""22"，然后复制出 3 个"TextInput"组件并设置其位置，如图 9-20 所示。需要注意的是，"TextInput"组件应与相应的"Label"组件对齐。

步骤④ 将一个"RadioButton"组件拖曳到"组件"图层上，并设置其宽、高分别为"50""22"，然后复制出一个，分别修改其【label】属性为"男""女"，设置其位置如图 9-21 所示。

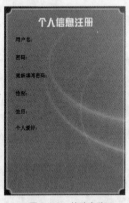

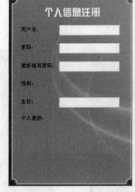

图 9-19　修改名称　　　　　图 9-20　拖入"TextInput"组件　　　　　图 9-21　设置性别项

步骤⑤ 将一个"TextArea"组件拖曳到"组件"图层上，设置其宽、高分别为"130""100"，设置其位置如图 9-22 所示。

步骤⑥ 拖入两个"Button"组件，设置其宽、高分别为"60""22"，并分别修改其【label】参数为"提交""清空"，设置其位置如图 9-23 所示。

步骤⑦ "个人信息核对"一侧也需要用一个"TextArea"组件来显示提交的信息，所以将一个"TextArea"组件拖曳到"组件"图层上，并设置其宽、高分别为"180""280"，设置其位置如图 9-24 所示。

图 9-22　设置个人爱好项

图 9-23　设置按钮

图 9-24　设置核对区域

至此组件的布置就完成了，但这样的组件还不能被程序应用，还需要在【属性】面板中修改每个组件的实例名称。

步骤⑧ 按照从左至右、从上到下的顺序依次修改其实例名称为"mUserName""mPassword""mPassword2""mMan""mWoman""mBirthday""mLove""mSubmit""mClear"和"mCheck"。各组件实例名称如图 9-25 所示。

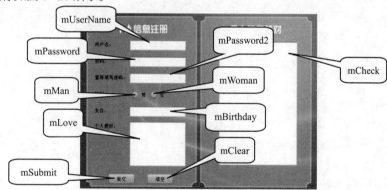
图 9-25　修改组件实例名称

步骤⑨ 由于用户输入密码时，"密码"和"重新输入密码"两项需要自动加密显示。所以在【属性】面板中设置这两个"TextInput"组件的【displayAsPassword】参数为"true"，如图 9-26 所示。

5. 写入控制代码

由于本案例的操作为：用户填写完信息之后，单击"提交"按钮，可以在"个人信息核对"窗口中显示用户填写的信息，单击"清空"按钮清除用户已经填写的内容。所以在"代码"层的第 1 帧输入如下代码及注释。

图 9-26　设置密码显示

```
//为"提交"和"清空"按钮添加事件监听器
mSubmit.addEventListener(MouseEvent.CLICK,sClick);
mClear.addEventListener(MouseEvent.CLICK,cClick);
```

```
//定义提交相应函数
function sClick(Event:MouseEvent):void {
//清空核对窗口
mCheck.text = "";
//加入用户名信息
mCheck.text+="用户名: ";
mCheck.text+=mUsername.text+"\n";
//加入密码信息
mCheck.text+="密码: ";
mCheck.text+=mPassword.text+"\n";
//加入重新填写密码信息
mCheck.text+="重新填写密码: ";
mCheck.text+=mPassword2.text+"\n";
//加入性别信息
mCheck.text+="性别: ";
if (mMan.selected == true) {
    mCheck.text+="男\n";
} else if (mWoman.selected == true) {
    mCheck.text+="女\n";
} else {
    mCheck.text+="\n";
}
//加入生日信息
mCheck.text+="生日: ";
mCheck.text+=mBirthday.text+"\n";
//加入爱好信息
mCheck.text+="爱好: ";
mCheck.text+=mLove.text+"\n";
}
//定义清空相应函数
function cClick(Event:MouseEvent):void {
//清空用户名
mUsername.text = "";
//清空密码
mPassword.text= "";
//清空重新填写密码
mPassword2.text= "";
//清空生日
```

```
mBirthday.text= "";

//清空爱好

mLove.text= "";

}
```

提示

　　　素材文件"素材\项目九\制作'个人信息注册'\个人信息注册代码.txt"提供了本案例的全部代码。

6. 保存测试影片

保存测试影片，完成个人信息注册系统的制作。

任务二　认识媒体播放器组件

【知识解析】

　　媒体接口组件可以快速开发 FLV 格式视频文件的播放器，FLV 格式视频为目前网络上流行的网络视频播放格式，具有传输速度快、文件压缩比例大等优点。

1. 创建视频播放器

步骤① 选择【窗口】/【组件】命令，打开【组件】面板，如图 9-27 所示。

步骤② 将 "FLVPlayback" 组件拖曳到舞台上，如图 9-28 所示。

步骤③ 选中舞台中的 "FLVPlayback" 组件，打开其【组件参数】卷展栏，单击【source】选项，如图 9-29 所示。

图 9-27　【组件】面板　　　图 9-28　将 "FLVPlayback" 组件拖入舞台　　　图 9-29　参数设置

步骤④ 单击 ✎ 按钮，弹出图 9-30 所示的【内容路径】对话框，再单击 ■ 按钮，弹出【浏览源文件】对话框，选择素材文件 "素材\项目九\创建媒体接口组件\登山.flv"。

步骤⑤ 单击 打开(O) 按钮，返回图 9-31 所示的【内容路径】对话框。取消选择【匹配源尺寸】复选项，然后单击 确定 按钮完成路径设置。

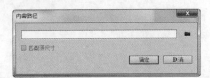
图9-30　【内容路径】对话框

图9-31　加入路径

至此播放器制作完成，测试影片，效果如图9-32所示。

图9-32　播放视频

2. 更换播放器皮肤

观看视频之后发现播放器的大小和播放器皮肤都需要进一步调整，调整方法如下。

步骤① 设置播放器宽、高分别为"550像素""400像素"，并相对舞台居中对齐，使其刚好覆盖整个舞台。

步骤② Flash提供了许多视频播放器皮肤，在【组件参数】卷展栏的【skin】选项中即可设置，如图9-33所示。

步骤③ 单击✐按钮，在弹出的【选择外观】对话框中选择皮肤，如图9-34所示。

步骤④ 单击 确定 按钮完成皮肤设置，再次测试播放影片，一个具有控制按钮的播放器效果就制作完成了，如图9-35所示。

图9-33　设置【skin】参数

图9-34　【选择外观】对话框

图9-35　播放器效果

操作一 【重点案例】——制作"个性化视频播放器"

使用 Flash 提供的播放器皮肤虽然能够满足一定的使用要求，但其中的播放控制组件不能随意调整。本案例将使用播放控制组件来创建个性化的视频播放器，其制作流程如图 9-36 所示。

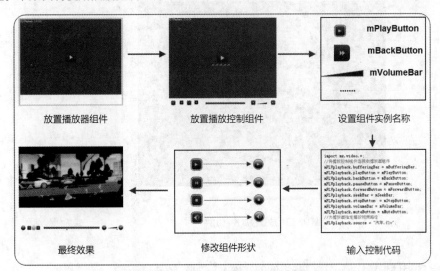

图 9-36 "个性化视频播放器"制作流程图

微课 9-2：制作
"个性化视频播放器"

【操作步骤】

1. 布置舞台

步骤① 新建一个 Flash 文档，设置文档尺寸为"550 像素×450 像素"，其他属性保持默认设置。

步骤② 按 Ctrl+S 组合键保存影片到指定目录下，然后将素材文件"素材\项目九\制作'个性化视频播放器'\汽车.flv"复制到与影片源文件相同的目录下。

步骤③ 新建 3 个图层，从上到下依次重命名为"代码""播放控制组件"和"播放器组件"图层，如图 9-37 所示。

步骤④ 将一个"FLVPlayback"组件拖入"播放器组件"图层上，设置播放器的宽、高分别为"550像素""400 像素"，位置 x、y 坐标均为"0"，并在【组件参数】卷展栏中设置其【skin】参数为"无"，舞台效果如图 9-38 所示。

图 9-37 新建图层

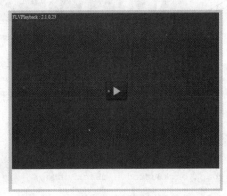

图 9-38 创建播放器

步骤 ⑤ 锁定"播放器组件"图层，选中"播放控制组件"图层，将组件中的"BackButton""BufferingBar""ForwardButton""PauseButton""PlayButton""SeekBar""StopButton"和"VolumeBar"拖曳到舞台中，并按照图9-39所示的位置放置。

图9-39　放置播放控制组件

2. 程序编写

步骤 ① 为拖入舞台的组件设置实例名称，各组件的实例名称如图9-40所示。

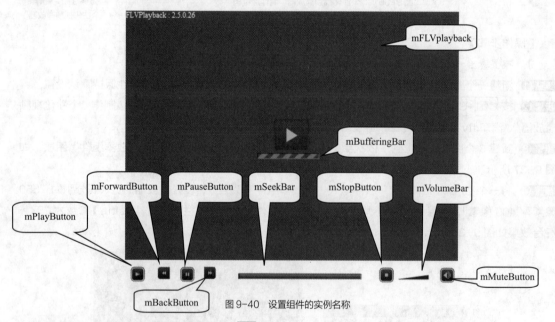

图9-40　设置组件的实例名称

步骤 ② 选中"代码"图层的第1帧，按 F9 键打开【动作】面板，输入以下代码。

```
//将播放控制组件连接到播放器组件

mFLVplayback.bufferingBar = mBufferingBar;

mFLVplayback.playButton = mPlayButton;

mFLVplayback.backButton = mBackButton;

mFLVplayback.pauseButton = mPauseButton;
```

```
mFLVplayback.forwardButton = mForwardButton;

mFLVplayback.seekBar = mSeekBar;

mFLVplayback.stopButton  = mStopButton;

mFLVplayback.volumeBar = mVolumeBar;

mFLVplayback.muteButton = mMuteButton;
//为播放器指定播放视频路径
mFLVplayback.source = "汽车.flv";
```

步骤③ 测试影片，得到图 9-41 所示的效果，通过播放控制组件可对视频播放进行各种控制操作。

加载视频界面　　　　　　　　　　　　播放界面

图 9-41　个性化播放器效果

3. 个性化界面调整

步骤① 打开【库】面板，再打开 "FLV Playback Skins" 文件夹，如图 9-42 所示。在此文件夹中存放着对应视频播放控制组件的样式元件，改变这里的元件样式即可改变舞台上的视频播放控制组件的样式。

步骤② 修改 "_SquareButton" 文件下的元件，可以整体修改所有矩形的播放控制组件。

- SquareBgDown：鼠标指针在组件上按下时的显示状态。
- SquareBgNormal：组件在没有任何操作时的显示状态。
- SquareBgOver：当鼠标指针移动到组件上时的显示状态。

提示

　　使用 "FLV Playback Custom UI" 与 "FLV Playback - Player8" 组件配合制作视频播放器的好处就是用户可以根据自己的喜好任意布置播放控制组件的位置以及调整组件的形态。

步骤③ 这里将矩形组件的 3 种状态分别修改成圆形，其中第 2 圈可设置为不同的颜色，如图 9-43 所示。读者也可以按自己的创意设置按钮样式。

步骤④ 修改后的播放器如图 9-44 所示。

　　这里着重介绍制作个性化视频播放器的原理，因此不再进一步修改设计，保存并测试影片，个性化的视频播放器制作完成。

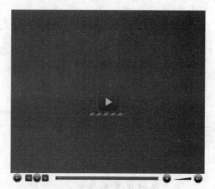

图 9-42　组件显示元件　　　　　　　　图 9-43　修改组件显示

本案例配合使用"FLVPlayback"和"FLV Playback Custom UI"两种组件创建一个可进行个性化设置的视频播放器，通过本案例的学习，读者应该掌握以下知识点。

● 使用代码设置影片路径的方法如下。

```
FLVPlayback.source="视频文件路径"
```

● 使用代码实现"FLV Playback Custom UI"对"FLVPlayback"控制的方法如下。

```
FLVPlayback.控件名称 = 控件实例名称
```

例如，mFLVplayback.bufferingBar = mBufferingBar。

● 在【库】面板中修改"FLV Playback Custom UI"组件样式的方法。

图 9-44　修改后的播放器

操作二　【突破提高】——制作"视频展播系统"

本案例将结合使用媒体播放组件和用户接口组件，制作一个集海报宣传、电影信息介绍为一体的视频展播系统，其制作流程如图 9-45 所示。

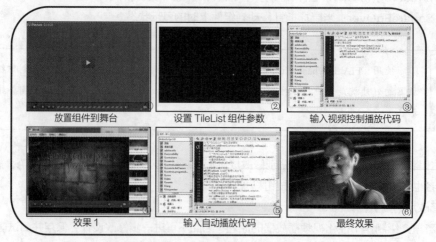

放置组件到舞台　　　　设置 TileList 组件参数　　　　输入视频控制播放代码

效果 1　　　　　　输入自动播放代码　　　　　　最终效果

图 9-45　"视频展播系统"制作流程图

【操作步骤】

1. 复制文件

步骤① 新建一个 Flash 文档，设置文档尺寸为"730 像素×400 像素"，背景颜色为"黑色"，其他属性保持默认设置。

步骤② 按 Ctrl + S 组合键保存文档到指定目录下，然后将素材文件"素材\项目九\制作'视频展播系统'\电影"文件夹复制粘贴到与影片源文件相同的目录下。

2. 布置舞台

步骤① 将"FLVPlayback"组件拖曳到舞台中，设置其宽、高分别为"530""400"，位置 x、y 坐标均为"0"，并设置"FLVPlayback"组件的【skin】参数为"SkinOverAll.swf"，效果如图 9-46 所示。

步骤② 设置舞台中"FLVPlayback"组件的实例名称为"mFLVPlayback"。

步骤③ 将"TileList"组件拖入舞台，设置其实例名称为"mTileList"，并设置其宽、高分别为"200""400"，位置 x、y 坐标分别为"530""0"，效果如图 9-47 所示。

图 9-46　拖入"FLVPlayback"组件

图 9-47　拖入"TileList"组件

步骤④ 选中舞台中的"TileList"组件，进入【组件参数】卷展栏。单击【dataProvider】选项，然后单击 ✎ 按钮，弹出【值】对话框，单击 ✚ 按钮新建项，并设置每项的值，设置 label 的值为"视频 1.flv"，source 的值为"图片 1.jpg"，如图 9-48 所示。

步骤⑤ 按同样的方法添加多个新建项，分别设置 label 值为"视频 2.flv"，source 值为"图片 2.jpg"，label 值为"视频 3.flv"，source 值为"图片 3.jpg"，label 值为"视频 4.flv"，source 值为"图片 4.jpg"，label 值为"视频 5.flv"，source 值为"图片.jpg"，效果如图 9-49 所示。

图 9-48　添加一个项

图 9-49　添加多个项

步骤⑥ 单击 确定 按钮完成设置，然后设置【columnWidth】为"200"，【rowHeight】为"80"，

如图 9-50 所示。

3. 编写后台程序

步骤① 新建一个图层并命名为"代码"，打开【动作】面板，在第 1 帧添加如下代码。

```
//为"TileList"组件添加事件
mTileList.addEventListener(Event.CHANGE,onChange);
//定义事件函数
function onChange(mEvent:Event):void {
//为"PLVplayback"组件加载电影片段
mFLVPlayback.load(mEvent.target.selectedItem.label);
//播放视频片段
mFLVPlayback.play();
}
```

步骤② 保存并测试影片，单击右边的 TileList 组件项即可观看相应的视频短片，如图 9-51 所示。

图 9-50　设置组件参数

图 9-51　测试影片

4. 测试完善系统

步骤① 测试观看后发现系统没有自动播放功能，看完一部分后不能自动读取下一部分，这会给用户带来极大的不便。所以在"代码"图层的第 1 帧继续添加如下代码，设置自动播放功能。

```
//开始就默认播放视频 1
mFLVPlayback.load("视频1.flv");
mFLVPlayback.play();
//为播放器组件添加视频播放完毕事件
mFLVPlayback.addEventListener(Event.COMPLETE,onComplete);
//定义视频播放完毕事件的相应函数
function onComplete(mEvent:Event):void {
//获取当前播放视频的名称
var pdStr:String = mEvent.target.source;
```

//提取当前播放视频的编号

```
var pdNum:int = parseInt(pdStr.charAt(2));
```

//创建一个临时数，用来存储当前视频的编号

```
var oldNum:int = pdNum;
```

//判断当前编号是否超过视频总数，如果超过编号，就等于1，如果没有超过，就加1

```
if (pdNum<5) {
    pdNum++;
} else {
    pdNum=1;
}
```

//加载下一视频

```
mEvent.target.load(pdStr.replace(oldNum.toString(),pdNum.toString()));
```

//播放视频

```
mEvent.target.play();
}
```

 选中舞台上的 "FLVPlayback" 组件，并在【组件参数】卷展栏中选中【skinAutoHide】复选项，如图 9-52 所示。

5. 保存影片

保存影片，完成视频展播系统的制作。

图 9-52　选中【skinAutoHide】复选项

 小　结

本项目结合实例介绍了 Flash CS6 中几类常见组件的基本构成和使用方法。使用组件可以方便地在 Flash 动画作品中创建 Windows 风格的控件，如菜单、按钮、滚动条等。

组件涉及的内容很多，需要读者在实践中多加探索。组件素材的来源日益丰富，从互联网中可以下载到很多组件，恰当运用这些组件可以大大提高工作效率。

习　题

一、简答题

1. 组件的含义是什么？组件可以采用几种方式处理事件？

2. 如何使用代码来控制组件？

3. 使用组件可以方便在哪些方面进行程序开发？

二、操作题

1. 制作一个提交表单，单击　提交信息　按钮，填写的信息将显示在右侧的栏目中，如图 9-53 所示。

图9-53　提交表单的效果图

2．制作一个搜索引擎，如图9-54所示。背景图片可以根据用户喜好自行选择。

图9-54　搜索引擎效果图

3．制作一个"练习测验"知识测试，输入1道小问题，根据答题情况进行评分，如图9-55所示。

图9-55　"练习测验"效果图

10

项目十
动画设计实战演练

　　学完前面各项目后，读者已全面了解了 Flash 设计工具的使用方法、Flash 动画的制作流程以及各种典型设计方法，在学习过程中初步积累了一定的设计技巧。不过，要熟练掌握这门动画制作技术，实训环节必不可少。目前 Flash 的应用已经覆盖了广告、游戏、多媒体教学等各个领域，给人们的工作、生活和学习带来了快乐和便利。本项目将通过案例介绍 Flash 在社会生活各个领域中的应用，进一步掌握 Flash 动画的设计技巧。

学习目标　　　　　　　　　　　　

✔　明确 Flash 动画制作的一般流程。

✔　明确 Flash 动画制作中各种设计方法的用途。

✔　掌握综合应用各种设计方法制作高质量 Flash 动画的基本要领。

✔　了解 Flash 在社会生活各个领域的应用。

任务一　数字宠物设计——制作"鱼翔浅底"

本案例将综合使用各种设计工具制作一个听话的数字鱼，该鱼外观精美并能跟随鼠标操作在水中游动，最终效果如图 10-1 所示。

微课 10-1：制作
"鱼翔浅底"

图 10-1　"鱼翔浅底"效果

【操作步骤】

1. 新建文档

新建一个 Flash 文档，设置文档尺寸为"800×600"像素，【帧频】为"30fps"，其他属性保持默认设置。

2. 绘制鱼头

步骤① 新建一个名为"鱼头"的图形元件，进入该元件的编辑状态。

步骤② 选择【椭圆】工具◯，设置笔触颜色为"无"，【填充颜色】为"黑色"。在舞台中心绘制一个尺寸为"65 像

图 10-2　绘制"鱼头"外形

素×27 像素"的椭圆，并将舞台缩放至原来的 800%，选择【视图】/【标尺】命令，选择【线条】工具＼，绘制两条辅助线，如图 10-2 所示。

步骤③ 选择【线条】工具＼，在图 10-2 所示的竖直辅助线上绘制一条直线，并调整直线形状，效果如图 10-3 所示。

步骤④ 复制调整好的线条，并将这两个线条相对于水平辅助线对称放置，然后将右边的黑色区域和线条一起删除，如图 10-4 所示。

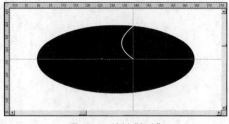 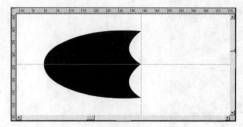

图 10-3　绘制"鱼头"　　　　　　　　　图 10-4　绘制"鱼头"轮廓

步骤⑤ 打开【颜色】面板，单击【填充颜色】按钮🎨，设置填充类型为【径向渐变】，并调整颜色如图 10-5 所示。

步骤⑥ 按 K 键填充图形，然后按 F 键调整填充方案，效果如图 10-6 所示。

图 10-5　【颜色】面板

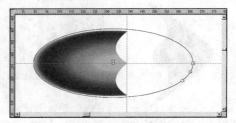

图 10-6　填充"鱼头"

步骤⑦　新建图层 2，单击 ◎ 按钮，按住 Shift 键在舞台上绘制两个宽、高均为"8 像素"的圆，调整它们的位置如图 10-7 所示。

步骤⑧　新建"图层 3"，单击 ✎ 按钮，为鱼绘制眼睛，效果如图 10-8 所示。

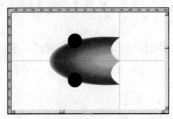

图 10-7　添加"鱼眼"

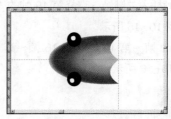

图 10-8　绘制"眼睛"

3.　绘制鱼身

步骤①　绘制一个尺寸为"65 像素×28 像素"的椭圆，将该椭圆调整成图 10-9 所示的形状，并使其居中对齐舞台。

步骤②　打开【颜色】面板，设置类型为【径向渐变】，调整颜色参数，如图 10-10 所示。

步骤③　按 K 键填充鱼身，按 F 键调整填充方案，效果如图 10-11 所示。

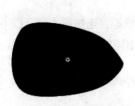

图 10-9　绘制"鱼身"轮廓

图 10-10　【颜色】面板

图 10-11　填充"鱼身"

4.　绘制鱼鳍

步骤①　绘制图 10-12 所示的鱼鳍。

步骤②　打开【颜色】面板，调整颜色参数如图 10-13 所示，并调整填充方案，填充后的鱼鳍如图 10-14 所示。

  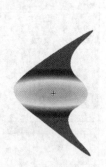

图 10-12　绘制"鱼鳍"轮廓　　图 10-13　【颜色】面板　　图 10-14　填充"鱼鳍"

5. 制作鱼头动画元件

步骤① 新建一个名为"头"的影片剪辑元件，进入该元件的编辑状态。

步骤② 打开【库】面板，将库中的"鱼头"图形元件拖曳至舞台中，并使其居中对齐舞台。分别在第 15 帧和第 30 帧插入关键帧。选择第 15 帧的"鱼头"元件，打开【变形】面板，将垂直缩放设置为"110%"，如图 10-15 所示。

步骤③ 分别在第 1 帧～第 15 帧、第 15 帧～第 30 帧创建补间动画，形成鱼儿呼吸的效果，此时的时间轴状态如图 10-16 所示。

图 10-15　【变形】面板　　　　　　　　　　　　图 10-16　时间轴状态

6. 制作鱼身和鱼鳍动画

制作鱼身和鱼鳍动画，新建两个名为"身"和"鳍"的影片剪辑元件，使用与步骤 5 相同的方法创建补间动画。

7. 制作控制元件

步骤① 新建一个名为"控制"的影片剪辑元件，进入该元件的编辑状态，选择第 1 帧，按 F9 键打开【动作】面板，在脚本窗口中输入如下代码（可从"素材\项目十\制作'鱼翔浅底'\鱼翔浅底 1.txt"文件中获取代码），如图 10-17 所示。

```
n=22;                          //鱼的身体长度
r=12;
for(i=1;i<n;i++){
if(i==1){                      //加载库中的"头"元件
attachMovie("yut","yy"+i,(n+1)-i);
}else if((i==3)||(i==13)||(i==21)){
         //加载库中的"鳍"元件，即在鱼身体的 3 个部位绘制鱼鳍
```

```
        attachMovie("yuq","yy"+i,(n+1)-i);
    }else{
                //加载库中的"身"元件,绘制鱼的身体部分
        attachMovie("yus","yy"+i,(n+1)-i);
    }
}
for(i=1;i<n;i++){
    if(i<20){
 setProperty("yy"+i,_xscale,100+i-0.25*i*i);
 setProperty("yy"+i,_yscale,100+i-0.25*i*i);
```
//设置整条鱼身体的缩放,从头到尾 i 值越大, 100+i-0.25*i*i 的值就会越小,因此形成头大尾小的形状
```
        setProperty("yy"+i,_alpha,100-i*3);
```
//设置鱼身体部分的透明度,越靠近尾部就越透明
```
    }else{
```
//当 i 大于等于 20 时,鱼身体部分的属性设置
```
            setProperty("yy"+i,_xscale,30);
            setProperty("yy"+i,_yscale,35);
        setProperty("yy"+i,_alpha,15);
    }
}
```

图 10-17 【动作】面板

步骤② 在第 2 帧插入空白关键帧,并为第 2 帧添加如下代码(也可以从"素材\项目十\制作'鱼翔浅底'\鱼翔浅底 2.txt"文件中获取代码)。

```
yy1._x+=(_xmouse-yy1._x)/r;
yy1._y+=(_ymouse-yy1._y)/r;
```
//鱼头的坐标值,也可以说是鱼游动的速度。r 值越大,鱼游动速度越慢
```
yr1=Math.atan2(yy1._y-_ymouse,yy1._x-_xmouse);
```
//以弧度为单位计算并返回点(yy1._y-_ymouse/yy1._x-_xmouse)的角度

```
yy1._rotation=yr1*180/Math.PI;
```

//鱼头的旋转角度

```
for(i=2;i<n;i++){
```

//从鱼身的第一个鳞片至尾部，计算每一个身体元件向某个方向转动的角度

```
this["yr"+i]=Math.atan2(this["yy"+i]._y-this["yy"+(i-1)]._y,this["yy"+i]._x-this["yy"+(i-1)]._x);
```

//计算相邻两个鳞片间形成的角度

```
this["yy"+i]._x+=(this["yy"+(i-1)]._x-this["yy"+i]._x)/1.1+7*Math.cos(this["yr"+(i-1)]);
```

```
this["yy"+i]._y+=(this["yy"+(i-1)]._y-this["yy"+i]._y)/1.1+7*Math.sin(this["yr"+(i-1)]);
```

//身体每个部分的坐标值（程序每选择一次，坐标就更新一次，这样就可以看到鱼游动了）

```
this["yy"+i]._rotation=this["yr"+i]*180/Math.PI;
```

```
}
```

步骤❸ 在第3帧插入空白关键帧，并为第3帧添加如下代码。

```
gotoAndPlay(2);
```

//重复选择第2帧中的代码内容，不断更新第2帧中鱼的坐标位置，这样就可以看到鱼儿在水里畅快地游动了

8. 完成动画

步骤❶ 单击 ⬅场景1 按钮返回主场景，将"图层1"重命名为"背景"，导入"素材\项目十\制作'鱼翔浅底'\海洋.jpg"背景图片，并使其居中对齐舞台。

步骤❷ 打开【库】面板，在影片剪辑元件"头"上单击鼠标右键，在弹出的快捷菜单中选择【属性】命令，打开【位图属性】对话框，选中【ActionScript】选项卡，选中【为ActionScript导出】复选项，如图10-18所示。

步骤❸ 分别打开影片剪辑元件"身"和"鳍"的【链接属性】对话框，进行类似设置。

步骤❹ 新建一个名为"控制"的图层，打开【库】面板，将"控制"影片剪辑元件拖曳到舞台中。

图10-18　【位图属性】对话框

至此，本案例的全部动画制作完成，按 Ctrl + S 组合键保存文档，按 Ctrl + Enter 组合键浏览动画效果。

本任务制作了一个跟随鼠标游动的鱼。在制作过程中，只制作了鱼身的 3 个部分，然后通过代码复制出鱼的身体部分，并组合成鱼的样子。鱼的每一个动作都是由代码来控制的，所以学会使用脚本语言来控制元件能大大提高制作 Flash 动画的水平。

任务二　交互式动画制作——制作"五光十色"

本案例将制作一个有趣的填充游戏，其中将介绍如何使用代码控制元件随鼠标移动以及改变元件颜色，制作流程如图 10-19 所示。

① 打开制作模板　② 设置"绘画笔"实例名称　③ 设置"调色笔"实例名称
⑥ 游戏运行效果　⑤ 输入控制代码　④ 设置"填充图形"实例名称

图 10-19　"五光十色"制作流程图

【操作步骤】

1. 设置"绘画笔"实例名称

步骤① 按 Ctrl+O 组合键，打开素材文件"素材\项目十\制作'五光十色'\填色游戏-模板.fla"，场景中已经放置制作好游戏所需的所有元素，效果如图 10-20 所示。

步骤② 设置元件实例名称。

① 选中舞台中的"绘画笔"元件，如图 10-21 所示。

② 在【属性】面板中设置元件实例名称为"paint_pencil"，如图 10-22 所示。

图 10-20　打开制作模板

图 10-21　选中"绘画笔"元件

图 10-22　设置元件实例名称

提示

　　舞台中的"绘画笔"元件有 24 帧，其中每一帧中绘画笔的颜色都不相同，分别对应 24 支调色笔的颜色，便于让"绘画笔"显示填充图形使用的颜色，如图 10-23 所示。

2. 设置"调色笔"实例名称

步骤① 设置第 1 支"调色笔"的实例名称，如图 10-24 所示。

① 选中舞台左下角的第 1 支调色笔。

② 在【属性】面板中设置元件实例为"pencil1"。

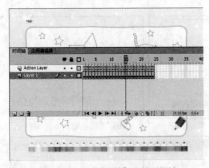

图 10-23　"绘画笔"元件时间轴

图 10-24　设置第 1 支笔的实例名称

步骤② 设置其余"调色笔"实例名称，如图 10-25 所示。

① 依次选中其余调色笔。

② 依次设置其实例名称为"pencil2"～"pencil24"。

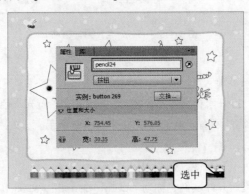

图 10-25　设置其余"调色笔"实例名称

3. 设置"填充图形"实例名称

步骤① 设置"填充 1"图层上的元件实例名称。

① 锁定全部图层。

② 取消锁定"填充 1"图层，如图 10-26 所示。

③ 选中"填充 1"图层上的元件。

④ 在【属性】面板中设置其实例名称为"mc1"，如图 10-27 所示。

图 10-26 取消锁定图层"填充 1"

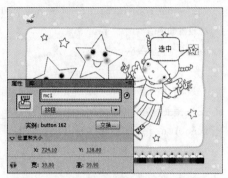

图 10-27 设置"填充 1"图层上的元件实例名称

步骤② 设置"填充 2"图层上的元件实例名称。

① 锁定"填充 1 图层"。

② 取消锁定"填充 2"图层，如图 10-28 所示。

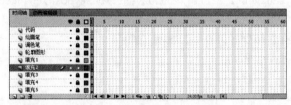

图 10-28 取消锁定"填充 2"图层

③ 选中"填充 2"图层上的元件。

④ 在【属性】面板中设置其实例名称为"mc2"，如图 10-29 所示。

步骤③ 配合图层锁定，依次设置其余填充图形的实例名称为"mc3"～"mc27"，如图 10-30 所示。

图 10-29 设置"填充 2"图层上的元件实例名称

图 10-30 设置其余填充图形的实例名称

4. 输入控制代码

步骤① 选择"代码"图层的第 1 帧，按 F9 键打开【动作】面板，输入如下控制代码。

```
stop();
//隐藏鼠标
Mouse.hide();
//定义并初始化颜色序号
var colorNum:uint=1;
//定义颜色变量
```

```
var yanse:ColorTransform = new ColorTransform();
//设置颜色值
yanse.color=0xFF9999;


//为场景添加事件，使"绘画笔"跟随鼠标指针移动
root.addEventListener(Event.ENTER_FRAME,genshui);
function genshui(e:Event) {
paint_pencil.x=root.mouseX+5;
paint_pencil.y=root.mouseY;
}


//为24支"调色笔"添加点击事件
for (var i:uint =1; i<25; i++) {
root["pencil"+i].addEventListener(MouseEvent.MOUSE_DOWN,changeColor);
}
//根据所点击的"调色笔"更改颜色序号和"绘画笔"颜色
function changeColor(e:Event) {
 for (var i:uint =1; i<25; i++) {
    if (root["pencil"+i]==e.currentTarget) {
        colorNum=i;
        paint_pencil.gotoAndStop(i);
    }
 }
}


//为27个"填充"图形添加点击事件
for (var j:uint =1; j<28; j++) {
root["mc"+j].addEventListener(MouseEvent.MOUSE_DOWN,setColor);
}
//设置所点击的"填充"图形的颜色
function setColor(e:Event) {
if (colorNum==1) {
    yanse.color=0xFF9999;
} else if (colorNum == 2) {
    yanse.color=0xFFE9D2;
} else if (colorNum == 3) {
    yanse.color=0xFFCC00;
} else if (colorNum == 4) {
    yanse.color=0xFF8600;
} else if (colorNum == 5) {
    yanse.color=0xFF0000;
} else if (colorNum == 6) {
```

```
            yanse.color=0xFF75AC;
    } else if (colorNum == 7) {
            yanse.color=0x848400;
    } else if (colorNum == 8) {
            yanse.color=0xCCCC00;
    } else if (colorNum == 9) {
            yanse.color=0x66CC00;
    } else if (colorNum == 10) {
            yanse.color=0x66CC99;
    } else if (colorNum == 11) {
            yanse.color=0x33CCCC;
    } else if (colorNum == 12) {
            yanse.color=0x009999;
    } else if (colorNum == 13) {
            yanse.color=0x95EDFD;
    } else if (colorNum == 14) {
            yanse.color=0x26D3FF;
    } else if (colorNum == 15) {
            yanse.color=0x0099FF;
    } else if (colorNum == 16) {
            yanse.color=0x0066CC;
    } else if (colorNum == 17) {
            yanse.color=0x9999FF;
    } else if (colorNum == 18) {
            yanse.color=0x993399;
    } else if (colorNum == 19) {
            yanse.color=0xCC66CC;
    } else if (colorNum == 20) {
            yanse.color=0xCC0033;
    } else if (colorNum == 21) {
            yanse.color=0xCC6600;
    } else if (colorNum == 22) {
            yanse.color=0xCC9900;
    } else if (colorNum == 23) {
            yanse.color=0x996633;
    } else if (colorNum == 24) {
            yanse.color=0x000000;
    }
    (DisplayObject)(e.currentTarget).transform.colorTransform=yanse;
}
```

（素材文件"素材\项目十\制作'五光十色'\控制代码.txt"提供本案例所需的全部代码。）

步骤 ② 按 Ctrl+S 组合键保存影片文件，完成"五光十色"动画的制作。

任务三　趣味游戏开发——制作"记忆游戏"

记忆游戏的原理是利用人的记忆力，记住翻开卡片的图案，然后找出与其图案相同的卡片以消除。在此实例的制作过程中，将会展示 ActionScript 3.0 面向对象的编程思想，所有的操作封装到一个类中，并以文件的形式保存在外部。这样不但可以在扩展类的功能方面更加方便，而且可以使整个程序的运行逻辑更加清晰，其制作流程如图 10-31 所示。

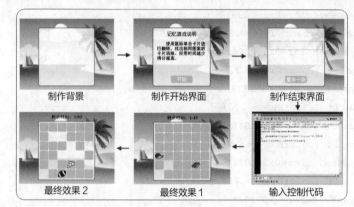

微课 10-2：制作
"记忆游戏"

图 10-31　"记忆游戏"制作流程图

【操作步骤】

1. 创建图层

步骤① 新建一个 Flash 文档，设置【帧频】为"60fps"，其他文档属性保持默认设置。

步骤② 新建 3 个图层，从上到下依次重命名为"AS3.0""元素"和"背景"。

2. 制作背景

步骤① 选择【文件】/【导入】/【导入到舞台】命令，将素材文件"素材\项目十\制作'记忆游戏'\记忆游戏背景.jpg"导入"背景"图层，设置其宽、高分别为"550 像素""400 像素"，并相对舞台居中对齐。

步骤② 选中背景图片，按 Ctrl + B 组合键将其分离。

步骤③ 选择【矩形】工具▣，在【属性】面板中设置笔触颜色为"#666666"，笔触大小为"3"，填充颜色为"无"，矩形边角半径为"10"，如图 10-32 所示。

步骤④ 在"背景"图层上绘制一个矩形，选中矩形，在【属性】面板中设置宽、高均为"326"，位置 x、y 坐标分别为"112""52"，如图 10-33 所示。

图 10-32　矩形的【属性】面板

图 10-33　设置矩形的位置和大小

步骤⑤ 选中矩形，按 Ctrl + B 组合键将其分离。

步骤⑥ 选择矩形框内部的图片区域，按 F8 键将其转换为影片剪辑元件。

步骤⑦ 在【属性】面板的【色彩效果】卷展栏中设置该元件的【Alpha】值为"15%"，效果如图 10-34 所示。

图 10-34 舞台效果

3. 添加界面元素

步骤① 选择【文件】/【导入】/【打开外部库】命令，将素材文件"素材\项目十\制作'记忆游戏'\记忆游戏素材库.fla"打开，将"Click.mp3""Match.mp3""卡片""开始"和"重来一次"5 个素材拖入当前的【库】面板中。

提示

　　其中"Click.mp3"和"Match.mp3"分别为翻转卡片和消除卡片时播放的声音；"卡片"为游戏中使用的卡片，它有"背景"和"图案"两个图层，在"图案"图层的每个关键帧上都有一个不同的图案，共 18 个图案；"开始"和"重来一次"分别用作开始和结束时的按钮。

步骤② 选择"元素"图层的第 1 帧，将元件"开始"拖曳到舞台中，放置在矩形框下侧并左右居中对齐，然后在【属性】面板中设置其实例名称为"play_btn"。

步骤③ 选择【文本】工具 T，在舞台中分别输入游戏说明标题和说明文字并左右居中到舞台。可根据个人喜好设置文字属性，完成后的效果如图 10-35 所示。

步骤④ 在"元素"图层的第 2 帧插入空白关键帧。

步骤⑤ 新建一个影片剪辑元件，并命名为"游戏主体对象"，随后进入元件编辑界面。

步骤⑥ 选择【文本】工具 T，将文本类型设置为"动态文本"，单击舞台放入一个文本框，选中该文本框，在【属性】面板中设置其【系列】为【Times New Roman】，【大小】为"25"，颜色为"#0033CC"，选择"居中对齐"，调整其宽为"200"，位置 x、y 坐标分别为"175""10"，设置实例名称为"gameTime_txt"。

步骤⑦ 返回主场景，将元件"游戏主体对象"拖曳到舞台并调整其位置 x、y 坐标都为"0"。

步骤⑧ 在"背景"图层的第 3 帧插入帧，在"元素"图层第 3 帧插入空白关键帧，将"重来一次"元件拖曳到舞台，放置在矩形框下侧并左右居中对齐，然后在【属性】面板中设置其实例名称为"playAgain_btn"。

步骤⑨ 选择【文本】工具 T，在舞台中设置一个文本框，在【属性】面板中设置大小为"40"，其他属性保持默认设置，调整其宽为"300"，位置 x、y 坐标都为"125"，设置实例名称为"showScore"，效果如图 10-36 所示。

4. 添加帧标签

步骤① 在"AS3.0"图层的第 2 帧插入关键帧，选中该帧，在【属性】面板中设置其帧标签为"playgame"，如图 10-37 所示。

步骤② 同样在该图层第 3 帧插入关键帧，设置帧标签为"result"。

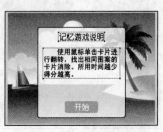

图 10-35　加入按钮和说明　　　　图 10-36　加入按钮和动态文本框　　　　图 10-37　添加帧标签

5. 添加帧上的控制代码

步骤① 选中"AS3.0"图层的第 1 帧，打开【动作】面板，输入开始游戏的控制代码。

```
var gameScore:String="";                 //定义用于储存游戏结果的变量

play_btn.buttonMode = true;
                                          //设置为真，鼠标指针放在"开始"元件上时显示为手形

play_btn.addEventListener(MouseEvent.CLICK,startGame);//添加事件

//事件响应函数

function startGame(event:MouseEvent)

{

gotoAndStop("playgame");                  //跳转到"playgame"帧，即第 2 帧

}

stop();                                   //在该帧停止，以便接收用户的单击事件
```

步骤② 选中"AS3.0"图层的第 3 帧，在【动作】面板中输入游戏结束时的控制代码。

```
showScore.text = gameScore;               //显示游戏结果

playAgain_btn.buttonMode = true;

playAgain_btn.addEventListener(MouseEvent.CLICK,playAgain);  //添加事件

//事件响应函数

function playAgain(event:MouseEvent)

{

gotoAndStop("playgame");                  //返回"playgame"帧

}
```

6. 添加"卡片"元件动画代码

步骤① 保存该 Flash 文件，并记住源文件的保存位置。

步骤② 打开【库】面板，用鼠标右键单击"卡片"元件，在弹出的快捷菜单中选择【属性】命令，在打开的【元件属性】对话框中单击 高级 按钮，选择【为 ActionScript 导出】和【在第 1 帧中导出】复选项，在【类】文本框中输入类名"Card"，具体设置如图 10-38 所示。

图 10-38　设置链接属性

步骤③ 单击 确定 按钮，若弹出提示对话框，也同样单击 确定 按钮使设置生效。

步骤④ 选择【文件】/【新建】命令，选择"ActionScript 文件"，单击 <u>确定</u> 按钮新建一个代码文件，在代码文件中输入代码用于扩展"Card"类的功能。

```
package      //声明包

{

import flash.display.*;              //导入显示包中的所有类

import flash.events.*;               //导入事件包中的所有类


public dynamic class Card extends MovieClip //定义 Card 类

{

    private var flipStep:uint;        //用于储存翻转步数

    private var isFlipping:Boolean = false; //用于储存翻转状态

    private var flipToFrame:uint;     //用于储存卡片翻转完成后显示的帧


    // 方法"开始翻转"，需要传入翻转完成后显示帧的数值
    public function startFlip(flipToWhichFrame:uint)

    {

        isFlipping = true;                 //设置翻转状态

        flipStep = 10;                     //设置翻转步数

        flipToFrame = flipToWhichFrame;    //设置翻转完成后显示的帧

        //添加事件，以选择翻转动画

        this.addEventListener(Event.ENTER_FRAME, flip);

    }


    public function flip(event:Event)   //翻转动画

    {

        flipStep--;                     //每选择一次，翻转步数减 1

        if (flipStep > 5)               //前一半时间，卡片先变小

        {

            this.scaleX = .20*(flipStep-6);

        }

        else //后一半时间，卡片再变大

        {

            this.scaleX = .20*(5-flipStep);

        }


        if (flipStep == 5)              //在翻转过程的中间，将卡片设为完成翻转后要显示的帧

        {

            gotoAndStop(flipToFrame);
```

```
        }

        if (flipStep == 0)              //翻转完成，设置翻转状态并移除事件
        {
            isFlipping = false;
            this.removeEventListener(Event.ENTER_FRAME, flip);
        }
    }
}
}
```

步骤⑤ 将该代码文件保存到 Flash 源文件所在的目录，并设置其文件名必须为类的名称"Card"。

　　　　读者可在素材文件"素材\项目十\制作"记忆游戏"\Card.as"中直接获取该代码
文件。

7. 添加游戏主体控制代码

步骤① 在【库】面板中用鼠标右键单击"Click.mp3"，在弹出的快捷菜单中选择【属性】命令，在【声音属性】对话框中选择【为 ActionScript 导出】复选项，然后设置其类名为"ClickSound"。

步骤② 使用同样的方法设置"Match.mp3"的类名为"MatchSound"，设置元件"游戏主体对象"的类名为"MemoryGameObject"。

步骤③ 新建一个代码文件并以"MemoryGameObject"为文件名保存到 Flash 源文件所在目录。在这里输入游戏主体的控制代码。

```
package   //声明包
{
//导入将要用到的系统包和类
import flash.display.*;
import flash.events.*;
import flash.text.*;
import flash.utils.getTimer;
import flash.utils.Timer;
import flash.media.Sound;
import flash.media.SoundChannel;


//类的定义
public class MemoryGameObject extends MovieClip
{
```

```
//定义初始化时用到的常量
private static const boardWidth:uint = 6;      //卡片横向数量
private static const boardHeight:uint = 6;     //卡片纵向数量
//卡片横向所占空间
private static const cardHorizontalSpacing:Number = 52;
private static const cardVerticalSpacing:Number = 52;  //卡片纵向所占空间
private static const boardOffsetX:Number = 145;  //摆放图片起始 X 位置
private static const boardOffsetY:Number = 85;   //摆放图片起始 Y 位置


//定义程序运行时用到的变量
private var firstCard:Card;          //第 1 张被单击卡片的指针
private var secondCard:Card;         //第 2 张被单击卡片的指针
private var cardsLeft:uint;          //剩余卡片的数量
private var gameStartTime:uint;      //游戏开始时刻
private var gameTime:uint;           //游戏已用时间
private var leftTime:uint;           //游戏剩余时间


//初始化声音对象
var clicking:ClickSound = new ClickSound();  //单击卡片时的声音
var matching:MatchSound = new MatchSound();  //两卡片相同并消失时的声音


//类的初始化函数
public function MemoryGameObject():void
{
//初始化卡片序号
var cardlist:Array = new Array();   //储存卡片序号的数组
for (var i:uint=0; i<boardWidth*boardHeight/2; i++)  //存入卡片序号
{
    cardlist.push(i);
    cardlist.push(i);
}
//摆放卡片
cardsLeft = 0;                       //舞台中现有（剩余）卡片数量，初始为 0
for (var x:uint=0; x<boardWidth; x++)              //横向循环
{
    for (var y:uint=0; y<boardHeight; y++)           //纵向循环
    {
        var c:Card = new Card();    //生成一个 Card 类的实例
```

```
            c.stop();      //使其停在第 1 帧

            c.x = x*cardHorizontalSpacing+boardOffsetX; //摆放位置 X

            c.y = y*cardVerticalSpacing+boardOffsetY;    //摆放位置 Y

            //计算得到 0 至卡片数之间的一个随机值

            var r:uint = Math.floor(Math.random()*cardlist.length);

            //将随机值所指卡片序号存于卡片的 cardface 属性中

            c.cardface = cardlist[r];

            cardlist.splice(r,1);        //从卡片序号数组删除已分配的序号

            //添加卡片上的单击事件

            c.addEventListener(MouseEvent.CLICK,clickCard);

            c.buttonMode = true;       //设置鼠标指针位于卡片上时显示为手形

            addChild(c);               //将卡片添加到舞台

            cardsLeft++;               //舞台中现有（剩余）卡片数量加 1

        }

    }

    gameStartTime = getTimer();        //得到游戏开始时刻

    gameTime = 0;                      //初始设置游戏已用时间

    //添加 EnterFrame 事件，用于循环改变游戏时间

    addEventListener(Event.ENTER_FRAME,showTime);

}

//单击卡片的响应函数

public function clickCard(event:MouseEvent)

{

    var thisCard:Card = (event.target as Card);        //得到当前被单击的卡片

    //以下为游戏的判断逻辑

    if (firstCard == null)              //当第 1 张卡片指针为空时

    {

        firstCard = thisCard;            //第 1 张卡片指针指示当前被单击卡片

        thisCard.startFlip(thisCard.cardface+2);    //对当前单击的卡片进行翻转

        playSound(clicking);             //播放单击声音

    }

    else

    {

        if (firstCard == thisCard)        //若当前单击的正是第 1 指针所指卡片

        {

            firstCard.startFlip(thisCard.cardface+2);    //进行翻转

            if (secondCard != null)     //第 2 张卡片指针不为空

            {
```

```
            secondCard.startFlip(1);           //将其翻转到背面
                secondCard = null;             //设置指针为空
        }
        playSound(clicking);         //播放单击声音
}
else if (thisCard.cardface == firstCard.cardface)//两卡片相同
{
        if (secondCard != null)     //若第 2 指针不为空
        {
            secondCard.startFlip(1);                //将其翻转到背面
        }
        playSound(matching);         //播放消失声音
        removeChild(firstCard);      //清除第 1 指针所指卡片
        removeChild(thisCard);       //清除当前单击卡片
        firstCard = null;            //设置第 1 指针为空
        secondCard = null;           //设置第 2 指针为空
        cardsLeft -= 2;              //舞台现有（剩余）卡片数量减 2
        if (cardsLeft == 0)         //若现有（剩余）卡片数量为 0
        {
            //移除 EnterFrame 事件停止计时
            removeEventListener(Event.ENTER_FRAME,showTime);
            //根据所剩时间确定并设置得分
            MovieClip(root).gameScore = "得分："+leftTime;
            //跳转到显示结果帧
            MovieClip(root).gotoAndStop("result");
        }
}
else if (secondCard == null)         //第 2 指针为空
{
    thisCard.startFlip(thisCard.cardface+2); //翻转当前单击卡片
    secondCard = firstCard;          //第 2 指针指示第 1 指针所指卡片
    firstCard = thisCard;            //第 1 指针指示当前单击卡片
    playSound(clicking);             //播放单击声音
}
else if (thisCard == secondCard)     //当前单击的为第 2 指针所指卡片
{
    thisCard.startFlip(thisCard.cardface+2); //翻转当前单击卡片
    firstCard.startFlip(1);          //第 1 指针所指卡片翻转到背面
```

```
                firstCard = thisCard;           //第1指针指示当前单击卡片
                secondCard = null;              //第2指针设置为空
                playSound(clicking);            //播放单击声音
        }
        else //除以上情况，已有2张卡片翻转开，现单击第3张未翻转的卡片
        {
                firstCard.startFlip(1);         //第1指针所指卡片翻转到背面
                secondCard.startFlip(1);        //第2指针所指卡片翻转到背面
                thisCard.startFlip(thisCard.cardface+2); //翻转当前单击卡片
                firstCard = thisCard;           //第1指针指示当前单击卡片
                secondCard = null;              //第2指针设置为空
                playSound(clicking);            //播放单击声音
        }
    }
}
//循环改变游戏时间的响应函数
public function showTime(event:Event)
{
        //当前时刻减去游戏开始时刻得到游戏已用时间
        gameTime = getTimer()-gameStartTime;
        //剩余时间为120s减已用时间
        leftTime = 120000 - gameTime;
        //在gameTime_txt文本框中显示剩余时间
        gameTime_txt.text = "剩余时间："+clockTime(leftTime);
        if (leftTime <= 500) //若时间小于0.5s
        {
                //移除EnterFrame事件，停止计时
                removeEventListener(Event.ENTER_FRAME,showTime);
                //将时间轴中的得分变量设为"Game Over"
                MovieClip(root).gameScore = "Game Over";
                //跳转到显示结果帧
                MovieClip(root).gotoAndStop("result");
        }
}
//将时间换算成分秒的形式
public function clockTime(ms:int)
{
        var seconds:int = Math.floor(ms/1000);
```

```
        var minutes:int = Math.floor(seconds/60);

        seconds -= minutes*60;

        //将秒数加 100 后取后两位，可将 0~9 转换成 00~09

var timeString:String=minutes+":"+String(seconds+100).substr(1,2);

        return timeString;

}

//播放声音

public function playSound(soundObject:Object)

{

        var channel:SoundChannel = soundObject.play();

}

}

}
```

 提示

　　读者可在素材文件"素材\项目十\制作'记忆游戏'\MemoryGameObject.as"中直接获取该代码文件。

步骤④ 保存代码文件和 Flash 源文件并测试影片，就可以让大脑开动起来，努力记住翻开的卡片，争取用最短的时间消除掉舞台中的所有卡片。

任务四　辅助教学应用——制作"教学课件"

　　本案例将运用各种 Flash 动画的制作方法来制作一个简单的教学课件，制作流程如图 10-39 所示。

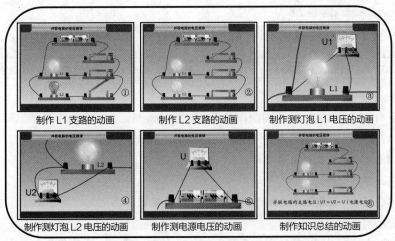

制作 L1 支路的动画　　　制作 L2 支路的动画　　　制作测灯泡 L1 电压的动画

制作测灯泡 L2 电压的动画　　制作测电源电压的动画　　制作知识总结的动画

图 10-39　"教学课件"制作流程图

【操作步骤】

1. 新建图层

步骤① 按 Ctrl+O 组合键，打开素材文件"素材\项目十\制作'教学课件'\精美教学课件-模板.fla"。
本文档的【库】面板中已提供本案例所需的素材，效果如图 10-40 所示。

步骤② 在主场景中新建图层。

① 连续单击 按钮新建图层。

② 重命名各个图层，效果如图 10-41 所示。

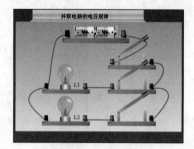

图 10-40　打开制作模板

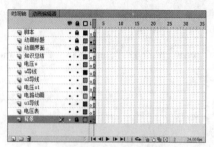

图 10-41　在主场景中新建图层

步骤③ 插入帧。

① 选中所有图层的第 875 帧，按 F5 键插入帧。

② 锁定除"电路动画"以外的图层，效果如图 10-42 所示。

步骤④ 在"电路动画"元件中新建图层。

① 在舞台上双击"电路动画"图形元件，进入元件编辑界面。

② 单击 按钮新建图层。

③ 重命名图层，效果如图 10-43 所示。

图 10-42　插入帧

图 10-43　在"电路动画"元件中新建图层

步骤⑤ 插入帧。

① 选中所有图层的第 220 帧，按 F5 键插入帧。

② 锁定除"总开关"以外的图层，效果如图 10-44 所示。

2. 制作"电路动画"元件内的动画

步骤① 制作总开关的动画。

① 选中"总开关"图层的第 20 帧，按 F6 键插入关键帧。

② 按 V 键选中舞台上的元件。

③ 在【属性】面板设置【循环】为【播放一次】，效果如图 10-45 所示。

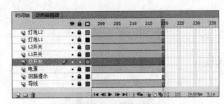

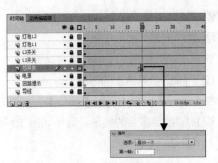

图 10-44　插入帧　　　　　　　　　图 10-45　制作总开关的动画

 提示　　开关的动画效果在元件中已经制作完成，这里只需要在时间轴上控制元件内的动画内容即可。

步骤 ② 制作 L1 支路中 L1 开关的动画。

① 锁定除"L1 开关"以外的图层。

② 选中"L1 开关"图层的第 60 帧，按 F6 键插入关键帧。

③ 按 V 键选中舞台上的元件。

④ 在【属性】面板设置【循环】为【播放一次】，效果如图 10-46 所示。

步骤 ③ 制作 L1 支路中灯泡 L1 的动画。

① 锁定除"灯泡 L1"以外的图层。

② 选中"灯泡 L1"图层的第 79 帧，按 F6 键插入关键帧。

③ 按 V 键选中舞台上的元件。

④ 在【属性】面板设置【循环】为【单帧】，【第一帧】为"2"，效果如图 10-47 所示。

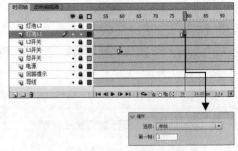

图 10-46　制作 L1 支路中 L1 开关的动画　　　图 10-47　制作 L1 支路中灯泡 L1 的动画

步骤 ④ 粘贴提示性的图形。

① 锁定除"回路提示"和"导线"以外的图层。

② 选中"回路提示"图层的第 95 帧，按 F6 键插入关键帧。

③ 选中"导线"图层的任意一帧，按 Ctrl+C 组合键复制"导线"图层上的图形。

④ 选中"回路提示"图层的第 95 帧，按 Ctrl+Shift+V 组合键粘贴图形，效果如图 10-48 所示。

步骤 ⑤ 编辑图形。

① 锁定除"回路提示"以外的图层。

② 隐藏"导线"图层。

③ 选中"回路提示"图层的第95帧。

④ 按 V 键选中舞台上的图形。

⑤ 在【属性】面板中设置【颜色】为"#FFFF00"。

⑥ 按 E 键擦除多余的线条，效果如图10-49所示。

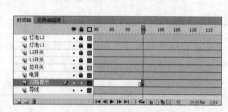

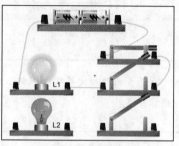

图10-48 粘贴提示性的图形   图10-49 编辑图形

步骤⑥ 转换为元件。

① 取消隐藏"导线"图层。

② 锁定"导线"图层。

③ 选中"回路提示"图层的第95帧。

④ 按 F8 键将选定图层上的对象转换为图形元件，并重命名为"提示1"，效果如图10-50所示。

步骤⑦ 制作提示动画。

① 双击舞台上的"提示1"图形元件，进入元件编辑区域。

② 选中"图层1"的第10帧，按 F6 键插入关键帧。

③ 按 V 键选中舞台上的图形。

④ 在【属性】面板设置【颜色】为"Alpha"，其值为"0%"，笔触高度为"20"。

⑤ 在第1帧～第10帧创建形状补间动画，效果如图10-51所示。

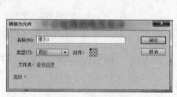

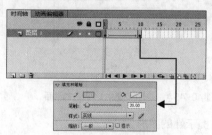

图10-50 转换为元件   图10-51 制作形状补间动画

步骤⑧ 插入空白关键帧。

① 返回"电路动画"元件。

② 选中"回路提示"图层的第125帧。

③ 按 F7 键插入一个空白关键帧，效果如图10-52所示。

步骤⑨ 制作 L2 支路中 L2 开关的动画。

① 锁定除"L2 开关"以外的图层。

② 选中"L2 开关"图层的第 150 帧，按 F6 键插入关键帧。

③ 按 V 键选中舞台上的元件。

④ 在【属性】面板设置【循环】为【播放一次】，效果如图 10-53 所示。

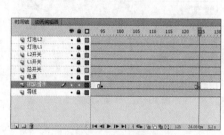

图 10-52 插入空白关键帧

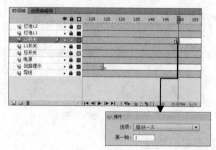

图 10-53 制作 L2 支路中 L2 开关的动画

步骤⑩ 制作 L2 支路中灯泡 L2 的动画。

① 锁定除"灯泡 L2"以外的图层。

② 选中"灯泡 L2"图层的第 169 帧，按 F6 键插入关键帧。

③ 按 V 键选中舞台上的元件。

④ 在【属性】面板设置【循环】为【单帧】,【第一帧】为"2"，效果如图 10-54 所示。

步骤⑪ 粘贴提示性的图形。

① 锁定除"回路提示"和"导线"以外的图层。

② 选中"回路提示"图层的第 190 帧，按 F6 键插入关键帧。

③ 选中"导线"图层的任意一帧，复制"导线"图层上的图形。

④ 选中"回路提示"图层的第 190 帧，粘贴图形，效果如图 10-55 所示。

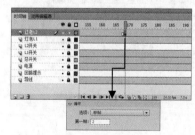

图 10-54 制作 L2 支路中灯泡 L2 的动画

图 10-55 粘贴提示性的图形

步骤⑫ 编辑图形。

① 锁定除"回路提示"以外的图层。

② 隐藏"导线"图层。

③ 选中"回路提示"图层的第 190 帧。

④ 按 V 键选中舞台上的图形。

⑤ 在【属性】面板设置笔触颜色为"#FFFF00"。

⑥ 按 E 键擦除多余的线条，效果如图 10-56 所示。

步骤⑬ 转换为元件。

① 选中"回路提示"图层的第 190 帧。

② 按 F8 键转换为图形元件，并重命名为"提示 2"，效果如图 10-57 所示。

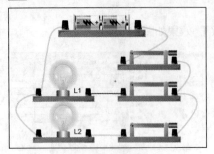

图 10-56　编辑图形　　　　　　　　　　　　图 10-57　转换为元件

步骤⑭ 制作提示动画。

① 按 V 键双击舞台上的"提示 2"图形元件，进入元件编辑区域。

② 选中"图层 1"的第 10 帧，按 F6 键插入关键帧。

③ 按 V 键选中舞台上的图形。

④ 在【属性】面板的【填充和笔触】卷展栏中设置颜色为"Alpha"，其值为"0%"，【笔触高度】为"20"。

⑤ 在第 1 帧～第 10 帧创建形状补间动画，效果如图 10-58 所示。

步骤⑮ 插入空白关键帧。

① 返回"电路动画"元件。

② 选中"回路提示"图层的第 220 帧，按 F7 键插入一个空白关键帧，效果如图 10-59 所示。

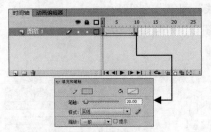

图 10-58　制作形状补间动画　　　　　　　图 10-59　插入空白关键帧

3. 制作电路动画的入场动画

步骤① 插入关键帧。

① 返回主场景。

② 选中舞台上的"电路动画"元件。

③ 在【属性】面板中设置【循环】为【单帧】，【第一帧】为"1"。

④ 选中第 15 帧，按 F6 键插入关键帧，效果如图 10-60 所示。

步骤② 创建补间动画，效果如图 10-61 所示。

① 选中第 2 帧。

② 选中舞台上的"电路动画"元件。

③ 在【属性】面板中设置【色彩效果】的【样式】为【Alpha】，其值为"0%"。

④ 在第 2 帧～第 15 帧创建补间动画。

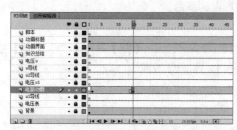

图 10-60　插入关键帧

图 10-61　创建补间动画

步骤 ③ 设置"电路动画"元件第 40 帧处的状态，效果如图 10-62 所示。

① 选中"电路动画"图层的第 40 帧，按 F6 键插入关键帧。

② 选中舞台上的"电路动画"元件。

③ 在【属性】面板中设置【循环】为【播放一次】。

4. 制作用电压表测灯泡 L1 电压的动画效果

步骤 ① 制作"电路动画"元件第 260 帧的状态，效果如图 10-63 所示。

① 在"电路动画"图层的第 260 帧按 F6 键插入关键帧。

② 选中舞台上的"电路动画"元件。

③ 在【属性】面板中设置【循环】为【单帧】，【第一帧】为"220"。

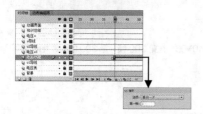

图 10-62　设置"电路动画"元件第 40 帧处的状态

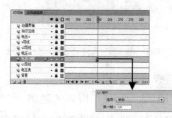

图 10-63　制作"电路动画"元件第 260 帧的状态

步骤 ② 在第 260 帧～第 275 帧创建补间动画，效果如图 10-64 所示。

① 在"电路动画"图层的第 275 帧按 F6 插入关键帧。

② 选中舞台上的"电路动画"元件。

③ 在【属性】面板中设置【X】为"781.5"，【Y】为"379.65"，【宽】为"1 457.4"，【高】为"1 001.45"。

④ 在第 260 帧～第 275 帧创建补间动画。

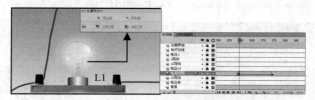

图 10-64　在第 260 帧~第 275 帧之间创建补间动画

步骤 ③ 制作"电压表"元件第 290 帧的状态。

① 锁定除"电压表"以外的图层。

② 在"电压表"图层的第 290 帧按 F6 键插入关键帧。

③ 将【库】面板中的"电压表"图形元件拖曳到舞台。

④ 在舞台上选中"电压表"元件。

⑤ 在【属性】面板中设置【X】为"583.6"，【Y】为"72.8"，【宽】为"188.3"，【高】为"161.3"。

⑥ 设置【色彩效果】的【样式】为【Alpha】，其值为"0%"。

⑦ 设置【循环】为【单帧】，【第一帧】为"1"，效果如图 10-65 所示。

步骤④ 在第 290 帧～第 300 帧创建补间动画。

① 在"电压表"图层的第 300 帧按 F6 键插入关键帧。

② 选中舞台中的 "电压表"元件。

③ 在【属性】面板中设置【X】为"473.6"，【Y】为"72.8"，【宽】为"188.3"，【高】为"161.3"。

④ 在【属性】面板中设置【色彩效果】的【样式】为【无】。

⑤ 在第 290 帧～第 300 帧创建补间动画，效果如图 10-66 所示。

图 10-65　制作"电压表"元件第 290 帧处的状态　　　　图 10-66　在第 290 帧～第 300 帧创建补间动画

步骤⑤ 制作"U1_导线"元件。

① 锁定除"U1 导线"以外的图层。

② 在"U1 导线"图层的第 310 帧按 F6 键插入关键帧。

③ 在舞台上绘制导线。

④ 选中绘制的导线，按 F8 键转换为图形元件，并重命名为"U1_导线"，效果如图 10-67 所示。

步骤⑥ 在第 310 帧～第 325 帧创建补间动画。

① 在"U1 导线"图层的第 325 帧按 F6 键插入关键帧。

② 选中"U1 导线"图层第 310 帧中的元件。

③ 在【属性】面板中设置【色彩效果】的【样式】为【Alpha】，其值为"0%"。

④ 在第 310 帧～第 325 帧创建补间动画，效果如图 10-68 所示。

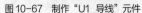
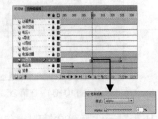

图 10-67　制作"U1_导线"元件　　　　图 10-68　在第 310 帧～第 325 帧创建补间动画

步骤 7 制作电压表指针摆动的动画效果。

① 将"电压表"图层解锁。

② 在"电压表"图层的第 325 帧按 F6 键插入关键帧。

③ 在【属性】面板中设置【循环】为【播放一次】，如图 10-69 所示。

步骤 8 制作 U1 的文字提示。

① 将"电压 U1"图层解锁。

② 在"电压 U1"图层的第 370 帧按 F6 键插入关键帧。

③ 按 T 键在舞台输入文字"U1"。

④ 选中文字按 F8 键转换为图形元件，并重命名为"U1"，设置其位置和大小，如图 10-70 所示。

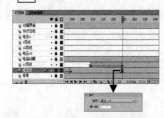 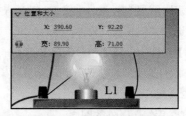

图 10-69　制作电压表指针摆动的动画效果　　图 10-70　制作 U1 的文字提示

步骤 9 制作电压表测灯泡 L1 电压的动画消失效果。

① 分别在"电压 U1""U1 导线"和"电压表"3 个图层的第 410 帧按 F6 键插入关键帧。

② 分别在 3 个图层的第 420 帧按 F6 键插入关键帧。

③ 分别在 3 个图层的第 421 帧按 F7 键插入空白关键帧。

④ 选中第 420 帧舞台上的所有元件。

⑤ 在【属性】面板中设置【色彩效果】的【样式】为【Alpha】，其值为"0%"。

⑥ 分别在 3 个图层的第 410 帧～第 420 帧创建补间动画，如图 10-71 所示。

5. 制作用电压表测灯泡 L2 的动画效果

步骤 1 制作"电路动画"元件的动画效果。

① 锁定除"电路动画"以外的图层。

② 在"电路动画"图层的第 435 帧按 F6 键插入关键帧。

③ 在第 455 帧按 F6 键插入关键帧。

④ 选中舞台上的"电路动画"元件。

⑤ 在【属性】面板中设置【X】为"808.05"，【Y】为"-73.7"，【宽】为"1126.2"，【高】为"773.8"。

⑥ 在第 435 帧～第 455 帧创建补间动画，如图 10-72 所示。

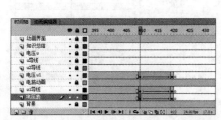 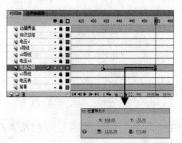

图 10-71　制作电压表测灯泡 L1 电压的动画消失效果　　图 10-72　制作"电路动画"元件的动画效果

步骤② 制作"电压表"元件第 470 帧处的状态。

① 锁定除"电压表"以外的图层。

② 在"电压表"图层的第 470 帧按 F6 键插入关键帧。

③ 将【库】面板中的"电压表"图形元件拖曳到舞台。

④ 在舞台上选中"电压表"元件。

⑤ 在【属性】面板中设置【X】为"104"，【Y】为"330.4"，【宽】为"188.3"，【高】为"161.3"。

⑥ 在【属性】面板中设置【色彩效果】的【样式】为【Alpha】，其值为"0%"。

⑦ 在【属性】面板中设置【循环】为【单帧】，【第一帧】为"1"，效果如图 10-73 所示。

步骤③ 在第 470 帧～第 485 帧创建补间动画。

① 在"电压表"图层的第 485 帧按 F6 键插入关键帧。

② 在舞台上选中"电压表"元件。

③ 在【属性】面板中设置【色彩效果】的【样式】为【无】。

④ 在第 470 帧～第 485 帧创建补间动画，效果如图 10-74 所示。

步骤④ 制作"U2_导线"元件。

① 锁定除"U2 导线"以外的图层。

② 在"U2 导线"图层的第 495 帧按 F6 键插入关键帧。

③ 在舞台上绘制导线。

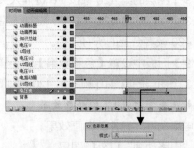

图 10-73　制作"电压表"元件第 470 帧处的状态　　图 10-74　在第 470 帧～第 485 帧创建补间动画

④ 选中绘制的导线按 F8 键转换为图形元件，并重命名为"U2_导线"，效果如图 10-75 所示。

步骤⑤ 在第 495 帧～第 510 帧创建补间动画，效果如图 10-76 所示。

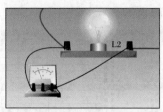
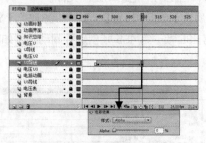

图 10-75　制作"U2_导线"元件　　图 10-76　在第 495 帧～第 510 帧创建补间动画

① 在"U2 导线"图层的第 510 帧按 F6 键插入关键帧。

② 选中"U2 导线"图层的第 495 帧处的元件。

③ 在【属性】面板中设置【色彩效果】的【样式】为【Alpha】, 其值为"0%"。

④ 在第 495 帧～第 510 帧创建补间动画。

步骤⑥ 制作电压表指针摆动的动画效果。

① 将"电压表"图层解锁。

② 在"电压表"图层的第 510 帧按 F6 键插入关键帧。

③ 选中元件,在【属性】面板中设置【循环】为【播放一次】,【第一帧】为"1", 如图 10-77 所示。

步骤⑦ 制作 U2 的文字提示。

① 将"电压 U2"图层解锁。

② 在"电压 U2"图层的第 540 帧按 F6 键插入关键帧。

③ 按 T 键在舞台输入文字"U2"。

④ 选中文字按 F8 键转换为图形元件,并重命名为"U2", 设置其位置和大小,效果如图 10-78 所示。

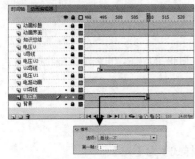

图 10-77 制作电压表指针摆动的动画效果

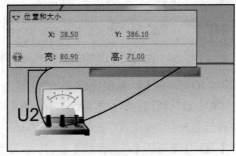

图 10-78 制作 U2 的文字提示

步骤⑧ 制作电压表测灯泡 L2 电压的动画消失效果,效果如图 10-79 所示。

① 分别在"电压 U2""U2 导线"和"电压表"3 个图层的第 570 帧按 F6 键插入关键帧。

② 分别在 3 个图层的第 585 帧按 F6 键插入关键帧。

③ 分别在 3 个图层的第 586 帧按 F7 键插入空白关键帧。

④ 选中第 585 帧处舞台上的所有元件。

⑤ 在【属性】面板中设置【色彩效果】的【样式】为【Alpha】, 其值为"0%"。

⑥ 分别在 3 个图层的第 570 帧～第 585 帧创建补间动画。

6. 制作用电压表测电源电压的动画效果

步骤① 制作"电路动画"元件的动画效果。

① 锁定除"电路动画"以外的图层。

② 在"电路动画"图层的第 605 帧按 F6 键插入关键帧。

③ 在第 620 帧按 F6 键插入关键帧。

④ 选中舞台上的"电路动画"元件。

⑤ 在【属性】面板中设置【X】为"513.5",【Y】为"804.65",【宽】为"1126.15",【高】为"773.8"。

⑥ 在第 605 帧～第 620 帧创建补间动画,如图 10-80 所示。

步骤② 制作"电压表"元件第640帧处的状态。

① 锁定除"电压表"以外的图层。

② 在"电压表"图层的第640帧按 F6 键插入关键帧。

③ 将【库】面板中的"电压表"图形元件拖曳到舞台。

④ 选中舞台中的"电压表"元件。

⑤ 在【属性】面板中设置【X】为"306"，【Y】为"109.4"，【宽】为"188.3"，【高】为"161.3"。

⑥ 在【属性】面板中设置【色彩效果】的【样式】为【Alpha】，其值为"0%"。

⑦ 在【属性】面板中设置【循环】为【单帧】，【第一帧】为"1"，如图10-81所示。

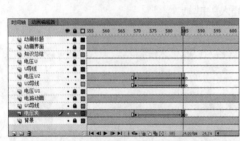

图10-79 制作电压表测灯泡L2电压的动画消失效果

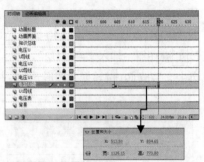

图10-80 制作"电路动画"元件的动画效果

步骤③ 在第640帧～第655帧创建补间动画。

① 在"电压表"图层的第655帧按 F6 键插入关键帧。

② 在舞台上选中"电压表"元件。

③ 在【属性】面板的【色彩效果】卷展栏中设置【样式】为【无】。

④ 在第640帧～第655帧创建补间动画，效果如图10-82所示。

图10-81 制作"电压表"元件第640帧的状态

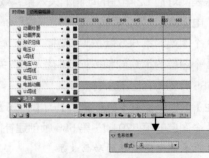

图10-82 在第640帧～第655帧创建补间动画

步骤④ 制作"U_导线"元件。

① 锁定除"U导线"以外的图层。

② 在"U导线"图层的第670帧按 F6 键插入关键帧。

③ 在舞台上绘制导线。

④ 选中绘制的导线，按 F8 键转换为图形元件，并重命名为"U_导线"，效果如图10-83所示。

步骤⑤ 在第670帧～第685帧创建补间动画，效果如图10-84所示。

① 在"U导线"图层的第685帧按 F6 键插入关键帧。

② 选中"U 导线"图层第 670 帧处的元件。

③ 在【属性】面板中设置【色彩效果】的【样式】为【Alpha】，其值为"0%"。

④ 在第 670 帧～第 685 帧创建动作补间动画。

步骤⑥ 制作电压表指针摆动的动画效果。

① 将"电压表"图层解锁。

② 在"电压表"图层的第 685 帧按 F6 键插入关键帧。

③ 在【属性】面板中设置【循环】为【播放一次】，如图 10-85 所示。

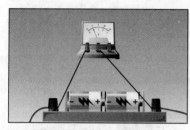

图 10-83　制作"U_导线"元件

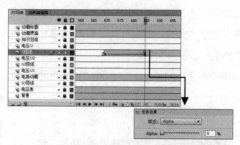

图 10-84　在第 670 帧～第 685 帧创建补间动画

步骤⑦ 制作 U 的文字提示。

① 将"电压 U"图层解锁。

② 在"电压表"图层的第 725 帧按 F6 键插入关键帧。

③ 按 T 键在舞台输入文字"U"。

④ 选中文字按 F8 键转换为图形元件，并重命名为"U"，设置其位置和大小，效果如图 10-86 所示。

图 10-85　制作电压表指针摆动的动画效果

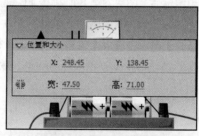

图 10-86　制作 U 的文字提示

步骤⑧ 制作电压表测电源电压的动画消失效果。

① 分别在"电压 U""U 导线"和"电压表"3 个图层的第 780 帧按 F6 键插入关键帧。

② 分别在 3 个图层的第 795 帧按 F6 键插入关键帧。

③ 分别在 3 个图层的第 796 帧按 F7 键插入空白关键帧。

④ 选中第 795 帧处舞台上的元件。

⑤ 在【属性】面板中设置【色彩效果】的【样式】为【Alpha】，其值为"0%"。

⑥ 分别在 3 个图层的第 780 帧～第 795 帧创建补间动画，如图 10-87 所示。

7. 制作"电路文件"的动画效果

步骤① 制作"电路动画"元件的动画效果。

① 锁定除"电路动画"以外的图层。

② 在"电路动画"图层的第795帧按 F6 键插入关键帧。

③ 在第815帧按 F6 键插入关键帧。

④ 选中舞台上的"电路动画"元件。

⑤ 在【属性】面板中设置【X】为"428.4"，【Y】为"268.55"，【宽】为"529.95"，【高】为"364.15"。

⑥ 在第795帧～第815帧创建补间动画，如图10-88所示。

步骤❷ 制作动画的知识总结提示。

① 锁定除"知识总结"以外的图层。

② 在"知识总结"图层的第825帧按 F6 键插入关键帧。

③ 在舞台输入总结性文字。

④ 选中舞台上的文字，按 F8 键转换为图形元件，并重命名为"知识总结"，效果如图10-89所示。

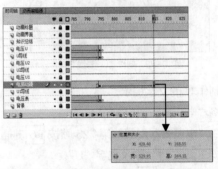

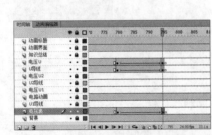

图10-87　制作电压表测电源电压的动画消失效果　　　　图10-88　制作"电路动画"元件的动画效果

步骤❸ 在第825帧～第840帧创建补间动画。

① 在"知识总结"图层的第840帧按 F6 键插入关键帧。

② 选中"知识总结"图层第825帧处的元件。

③ 在【属性】面板中设置【色彩效果】的【样式】为【Alpha】，其值为"0%"。

④ 在第825帧～第840帧创建补间动画，效果如图10-90所示。

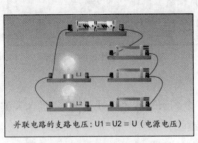

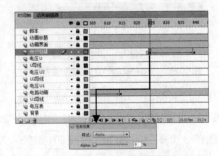

图10-89　制作动画的知识总结提示　　　　图10-90　在第825帧～第840帧创建补间动画

8. 插入关键帧

在"脚本"图层的最后一帧插入关键帧，按 F9 键输入"stop();"控制代码。

9. 保存影片文件

按 Ctrl + S 组合键保存影片文件，案例制作完成。

小 结

　　作为本书最后的综合训练环节，本项目安排了 4 个典型案例。学习这些案例，读者不但可以深入掌握 Flash 基本设计工具的用途和用法，还能够全面领略 Flash 的设计风采，真切感受到这款小巧的设计工具开发出的绚丽、动感的动画。

　　Flash 动画的核心在于"动"和"变"，但是"动"要动出节奏，"变"要变出惊喜。这些技巧和感觉的掌握不是一朝一夕就能练就的，本书只是带领读者步入 Flash 动画制作的殿堂，希望读者在今后加强实践训练，博采众长，逐步积累设计经验，早日设计出优秀的作品。

习 题

1. 结合本项目中典型实例的设计，总结游戏开发的基本技巧。
2. 总结脚本在大型 Flash 游戏中的使用技巧。
3. 动手模拟本项目的各个实例。